JN111519

Computer and Web Sciences Library 6

Webの
しくみ

Webをいかすための12の道具

矢吹 太朗 著

サイエンス社

編者まえがき

　文部科学省は 2020 年度に小学校においてもプログラミング教育を導入するとしました．これは，これからの社会を生き抜くためには，すべての国民がコンピュータと Web に関して，一定の「リテラシ」を身に付けておかねばならないという認識の表れと理解します．この Computer and Web Sciences Library 全 8 巻はそれに資するために編纂されました．小学校の教職員や保護者を第一義の読者層と想定していますが，この分野のことを少しでも知っておきたいと思っている全ての方々を念頭においています．

　本 Library はコンピュータに関して 5 巻，Web に関して 3 巻からなります．執筆者にはそれぞれの分野に精通している高等教育機関の教育・研究の第一人者を充てました．啓蒙書であるからこそ，その執筆にあたり，培われた高度の識見が必要不可欠と考えるからです．

　また，本 Library を編纂するにあたっては，国立大学法人お茶の水女子大学附属小学校（新名謙二校長）の協力を得ました．これは同校とお茶の水女子大学の連携研究事業の一つと位置付けられます．神戸佳子副校長を筆頭に，同校の先生方が，初等教育の現場で遭遇している諸問題を生の声としてお聞かせ下さったことに加えて，執筆者が何とか書き上げた一次原稿を丁寧に閲読し，数々の貴重なご意見を披露して下さいました．深く謝意を表します．

　本 Library が一人でも多くの方々に受け入れられることを，切に願って止みません．

お茶の水女子大学名誉教授

工学博士　増永良文

はじめに

この本，『Web のしくみ』は，「Computer and Web Sciences Library 全 8 巻」の第 6 巻で，タイトルのとおり，ウェブ[1] についての解説書です．くわしい説明を参考文献に任せることはありますが，この本だけ独立して読めるようになっています．

この本の想定読者は，ウェブについて生徒・児童（これ以降，まとめて子供といいます）に教える大人と，13 歳くらいの子供です[2]．英語がもとになった表現がたくさんあるので，中学校レベルの英単語を知らないと，理解しづらい部分があるかもしれません（辞書や**機械翻訳**をうまく使えるようになりましょう）．

ウェブについて，大人は子供に何を教えるべきでしょうか．

1965 年にノーベル物理学賞を受賞したリチャード・ファインマン（1918–1988）は次のように言っています[3]．

> 教科書にある問題はすべて——一年生から八年生のものまで——ふつうの大人が読んで，理解できるものであるべきだと思います．何を求めればいいのか，すべての人にわかる表現という意味です．

これは小学校や中学校での教育における，良い原則です．しかし，

---

[1] タイトルでは「Web」ですが，「ウェブページ」や「ウェブサイト」などの表現がすでにふつうの日本語になっていると思われるので，本文では「ウェブ」としています．

[2] 小学校で学ぶことになっていない漢字を含む日本語には，各章の初めて出てきたあたりでルビをつけています．（固有名詞は除きます．）

[3] リチャード・ファインマン著，渡会圭子訳『ファインマンの手紙』（ソフトバンククリエイティブ，2006）収録の「新しい数学のための新しい教科書」

1989 年のウェブの誕生からまだ日が浅く，ふつうの大人がウェブについてよく理解しているとは言えません．そのため，ファインマンの原則に従うと，ウェブについて子供に教えることはほとんどなくなってしまいます．

　そこでこの本では，子供に持たせたい「道具」について書くことにしました．子供は将来，様々な問題に直面します．それは，日常生活の中で出会う小さな問題かもしれませんし，世界を変えなければならないような大きな問題かもしれません．それがどういう問題であっても，その解決にウェブが役立つかもしれません．ウェブに何があるのか，それを「道具」として紹介しようというわけです．「武器」と呼んでもいいでしょう．

　第 0 章でこの本全体の構成を説明した後で，第 1 章から第 12 章で，そういう道具を一つずつ紹介します．ですから，この本で紹介する道具は全部で 12 個です．子供達がこの 12 個を自分の道具箱に入れて，将来何かに役立ててくれることを願います．

> ハンマーしか持たない者にはすべてが釘に見える.
> アブラハム・マズロー（1908–1970）[4]

　この本は，手を動かしながら読むことを勧めます．ツイッターやフェイスブックを使ったことがない人は，使ってみることを勧めます．本を読むだけではわからない，使ってみて初めてわかることがあるはずです（使い続けることまでは勧めません）．コンピュータの操作にくわしい人が近くにいるなら，テキストエディタを用意し

---

[4] アーサー・ブロック著，倉骨彰訳『マーフィーの法則』（アスキー，1993）では，「バルックの法則」として紹介されています．

て，第3章も実践してみてください.

「1)」のような上付きの「番号括弧閉じ」は参考文献で，巻末の「参考文献」リストにまとめてあります．「1)」はリストの1番目，「2)」はリストの2番目です．

ウェブにある資料を見てほしい場合は，「http://」や「https://」で始まる文字列（文字の並び）を書いています（前後の文字列と区別するために，[角括弧] で囲う場合があります）．このような文字列を **URL** といいます（1.2節を参照）．URLのような全部大文字の単語は，ユー U，アール R，エル L と一文字ずつ発音します．この原則が当てはまらない場合，この本ではカタカナで読みを示します．

URLをインターネットに接続されている端末（コンピュータやスマートフォンなど）のウェブブラウザのアドレスバーに入力すると，その資料が見られるはずです．ただし，この本が出版された後で，その資料がウェブからなくなってしまうかもしれません．資料が見られない場合は，インターネットアーカイブ [https://archive.org] で探してみてください（11.2節を参照）．

日本産業規格（**JIS**）の規格書は，[https://www.jisc.go.jp/app/jis/general/GnrJISSearch.html] で，規格番号で検索して読めます．

この本のサポートサイトは [https://github.com/taroyabuki/webbook] です．参考資料のリストなどをここで公開します．

2020年8月

矢吹太朗

目　　次

0 この本の読み方

> 考えるということは，さまざまな相違を忘れること，一般化することである．フネスのいわばすし詰めの世界には，およそ直截的な細部しか存在しなかった．[1]
>
> ホルヘ・ルイス・ボルヘス（1899–1986）

この本では，読者がウェブブラウザ（ブラウザ）を使ってウェブページの閲覧や検索など，ウェブを利用した経験を持っていることを想定しています．ブラウザはウェブを利用するためのソフトウェアの一種です．具体的な製品としては，Chrome, Edge, Firefox, Safari などがあります．ブラウザを使った経験がない場合は，周りの人に相談して，ウェブで何かを検索する経験をしてから先に進んでください．

ウェブが誕生したのは 1989 年 3 月 12 日と言われています[2]．その立役者であるティム・バーナーズ＝リー（1955–）は，その功績をたたえられ，2017 年にコンピュータサイエンスの世界で最も権威のある賞，**チューリング賞**を受賞しました．チューリング賞は，コン

---

[1] J. L. ボルヘス著，鼓直訳『伝奇集』（岩波書店，1993）収録の小説「記憶の人，フネス」より

[2] [https://webfoundation.org/2019/03/web-birthday-30/] ウェブの歴史の簡単なまとめが，[https://www.w3.org/History.html] にあります．

ピュータの歴史に大きな影響を与えた科学者，アラン・チューリング（1912–1954）にちなんで設立された賞で，その権威は，フィールズ賞（数学），ノーベル賞（物理学，化学，生理学・医学，文学，平和）に匹敵します．

　図 0.1 は誕生当時のウェブの利用風景を再現したものです．この本が書かれたのは，その約 30 年後です．その間に，ウェブの利用風景は大きく変わりました♠3．（人生のタイムスケールで言って）短くない時間が経っていて，もはや，ウェブのなかった時代を知らない人，想像できない人も多くいることでしょう．ウェブの誕生によって社会は大きく変わってしまったので，ウェブのなかった時代を経験している人でも，その頃の感覚はもう忘れているのではないかと思います．

　少し正確に言うと，ウェブの基本技術自体はほとんど変わっていません．ウェブで使える「道具」がたくさん発明され，それによって社会が変わったのです．

　「はじめに」でも書いたように，この本の第 1 章から第 12 章ではそういう道具を紹介します．第 1 章から順番に読んで，自分の学んだことを道具箱に入れていってもらえればいいのですが，先に書いたようなウェブの歴史を踏まえて，道具を表 0.1 のように分類するとわかりやすいかもしれません．

　ウェブの基本技術とは何でしょう．

♠3 この本が書かれたときのウェブの利用風景の良い記録として，パソコンの画面だけで全編が作られている映画「サーチ」（アニーシュ・チャガンティ監督，2018 公開）が挙げられます．

図 0.1 世界初のブラウザである WorldWideWeb で世界初のウェブ
ページを閲覧している様子の再現（[https://worldwideweb
.cern.ch/browser/#http://info.cern.ch/hypertext/WWW//
TheProject.html]）

　ウェブが実現するためにはまず，たくさんのコンピュータ♠4 から
なるネットワーク，つまり**インターネット**が必要でした．そこに，
URL, HTML, HTTP という三つの技術が追加され，ウェブが実現
しました．ですから，ウェブの基本技術と言えば，URL, HTML,
HTTP ということになります（表 0.2）．
　これらを組み合わせることで，インターネット上に文書の巨大な
ネットワークが出現します．これがウェブです．**第 1 章「ハイパー**

♠4 英語の "computer" のカタカナでの書き方には，「コンピューター」と「コ
ンピュータ」の 2 通りがあります．学校のテストではどちらを書いてもかまい
ません．「コンピューター」が一般的で，「コンピュータ」は慣習的な書き方で
す．たとえば，**JIS** の規格票の様式及び作成方法を定めた文書（JIS Z 8301）
ではかつて，er, or, ar で終わる，3 音以上の外来語をカタカナで書くときは
最後の「ー」を省くことになっていました．

表 0.1　12 の道具の分類

基本技術に直接関わる道具	第 1 章　ハイパーメディア 第 2 章　検索 第 3 章　自分のメディア
すべての人のための道具	第 4 章　ライセンス 第 5 章　シェア 第 6 章　アカウント 第 7 章　クラウド（crowd） 第 8 章　暗号
開発者やエンジニアのための道具	第 9 章　ウェブアプリケーション 第 10 章　データベース 第 11 章　クラウド（cloud）
その他	第 12 章　間接参照

表 0.2　ウェブの基本技術

URL	ウェブで公開するデータの「位置」．位置がわかって初めて，そのデータを見られるようになる．
HTML	ウェブで公開するデータの「形式」．ウェブで何か公開したければ，それを HTML という形式で用意するのが基本である．
HTTP	ウェブで公開されたデータを見る「手順」．データの位置がわかったら，その決められた手順でデータにアクセスする（接する，読み書きする）．

メディア」では，このネットワークについて説明します．

　ウェブにはとてもたくさんの文書があるので，その中をむやみに
たどるだけでは，求める情報はおそらく得られません．**第 2 章「検
索」**では，この巨大なネットワークで情報を探す方法を説明します．

　文書のネットワークは見るだけのものではありません．自分が情
報を発信して，そこに新たな 1 ページを追加することもできます．
第 3 章「自分のメディア」では，その方法を説明します．

　このように，第 1 章から第 3 章までを読むことで，ウェブの基本
技術と，それを使って情報を収集したり発信したりすることについ
て理解できるでしょう．

　すべての人が，ウェブの基本技術を使いこなせなければならない
かと言えば，そういうわけではありません．ウェブの基本技術を使
いこなせない人でも，ウェブで情報を収集・発信したり，他人とコ
ミュニケーションをとったりすることはできます．

　ウェブで情報を収集・発信するときには，その情報の利用しやす
さを考えましょう．情報の利用しやすさを決める大きな要因に，そ
の情報に関する権利（ライセンス）があります．ライセンスについ
て知っておきたいことを，**第 4 章「ライセンス」**で説明します．

　ウェブで人とコミュニケーションをとるためのサービスに，SNS
があります．SNS をうまく活用すれば，あなたが発信した情報を，
短時間でたくさんの人に届けられます．そういうことについて，**第
5 章「シェア」**で考えます．

　SNS のようなウェブ上のサービスは，アカウント（ユーザの権
限をまとめたもの）を作って利用します．**第 6 章「アカウント」**で
は，ウェブ上のサービスがユーザとアカウントを結びつけるしくみ，

ユーザ側でのアカウント管理についての注意，個人情報についての考え方を紹介します.

　ウェブは，たくさんの人のための共同作業の場になります．そういう場を活用することで，個人ではとてもできないようなことが，できるようになるかもしれません．そういう事例を，**第 7 章「クラウド (crowd)」** で紹介します.

　ショッピングサイトとユーザの間でやり取りされる氏名，住所，電話番号，クレジットカード番号などは，第三者に見られてはいけない個人情報です．**第 8 章「暗号」** で紹介するのは，そういう情報を暗号化してやり取りするための技術です.

　このように，第 4 章から第 8 章を読むことで，ウェブの基本技術を使いこなせるかどうかにかかわらず，自分で情報を発信したり何かを作ったりできるようになることがわかるでしょう.

　とはいえ，ウェブの基本技術を使いこなす人が要らなくなるわけではありません．第 5 章「シェア」も第 7 章「クラウド (crowd)」も，そのためのコンピュータシステムを，誰かが作らなければなりません．そういう開発者やエンジニアのための「道具」を，オンラインショッピングサイトを例に，第 9 章以降で紹介します.

　ショッピングサイトにある商品紹介用のページには，商品の価格や在庫数など，頻繁に更新されるデータが書かれています．データが更新されるたびに，人間が手作業でページを書き換えるわけにはいきません．そこで，プログラムを使ってページを書き換えます．**第 9 章「ウェブアプリケーション」** で紹介するのは，ウェブで公開するページを，プログラムを使って作る方法です.

　ショッピングサイトでは，商品のデータ (価格や在庫)，ユーザ (利

用者) のデータ (氏名や住所) を管理しなければなりません. **第10章「データベース」** で紹介するのは, そういうデータの管理方法です.

　ショッピングサイトを始めるために, 大量の注文をさばくための高性能のコンピュータを買ってきたり, その置き場所を気にしたりする必要はありません. 必要なのはコンピュータの実体ではなく, 情報処理能力だけだからです. **第11章「クラウド (cloud)」** で紹介するのは, そういう情報処理能力だけを調達するしくみです. 第7章と第11章の主題はカタカナで書くとどちらも「クラウド」なのですが, 第7章のクラウドの元の英語は crowd (群衆), 第11章のクラウドの元の英語は cloud (雲) です. 両者は別物なので注意してください.

　このように, 第9章から第11章までを読むことで, オンラインショッピングに限らず, ウェブで独自のサービスを作るのに必要な「道具」について理解できるでしょう.

　第12章「間接参照」 で紹介するのは「考え方」です. 考え方も一種の「道具」です. この本に登場する様々な技術が, この考え方の実践になっていることを示すことで, この考え方の強力さを納得してもらいたいと思います.

●情報とは何か

　先に進む前に, **情報**とは何かということについてまとめておきましょう.

　この本における情報は, 「**媒体 (メディア)** にのっている, 発信済みかつ未受信のもの」です (図0.2).

　A が発信した情報を B が受信し, B の知識が変化するとしましょ

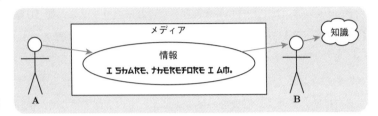

図 0.2　この本における情報（情報は客観的ではないため，知識の変化は受信者による．A の使用書体は Electroharmonix）

う．発信された情報はメディアという物理的・客観的な物で表現されますが，それを受信した人の知識がどう変化するかは，受信者によって異なります．

　日本語に慣れていない人は，A が発信した情報を「I share, therefore I am.」と読むそうです．日本語に慣れている（つもりの）筆者（矢吹）は，カタカナに見えてしまい，うまく読めません．この例から，情報をどのように受け取るかは，受信者よることがわかります．情報は客観的な物ではないのです．

　国語辞典の「情報」の語釈（ごしゃく）は表 0.3 のようになっています♠5．この本での「情報」に一番近いのは，日本国語大辞典の②です．広辞苑の②や大辞林の②も近いのですが，情報と知識を同一視している点で，日本国語大辞典の②とは違（ちが）います．

　この本の定義とは違いますが，認識されているが評価はされていない一連の記号を「データ」，評価され，正当性を確認された有用な

♠5 日本国語大辞典は 2002 年の第 2 版，広辞苑（こうじえん）は 2018 年の第 7 版，大辞林は 2019 年の第 4 版です．コトバンク [https://kotobank.jp/word/情報-79825] で，たくさんの辞書や事典の説明をまとめて閲覧できます（ただし広辞苑はありません）．英語なら OneLook [https://onelook.com] が便利です．

表 0.3 「情報」の語釈

日本国語大辞典	①事柄の内容，様子．また，その知らせ．②状況に関する知識に変化をもたらすもの．文字，数字などの記号，音声など，いろいろの媒体によって伝えられる．インフォメーション．
広辞苑	(information) ①ある事柄についてのしらせ．②判断を下したり行動を起こしたりするために必要な，種々の媒体を介しての知識．③システムが働くための指令や信号．("information" は 1969 年の第 2 版から，②のような語釈は 1983 年の第 3 版から掲載)
大辞林	①事物・出来事などの内容・様子．また，その知らせ．②ある特定の目的について，適切な判断を下したり，行動の意思決定をするために役立つ資料や知識．③機械系や生体系に与えられる指令や信号．例えば，遺伝情報など．④物質・エネルギーとともに，現代社会を構成する要素の一．(④のような語釈は 2002 年の第 2 版から掲載)

データを「情報」，ユーザの理解に裏付けられた情報を「知識」ということもあります[1]．物理学や情報科学の分野では**情報量**（あるいは単に情報）という量を使うことがありますが，そこでの「情報」の定義もこの本の定義とは違います．「個人情報」については 6.2 節を参照してください．

　日本語の「情報」は英語の "information" の翻訳である場合がほとんどなので，この単語についてさらに知りたければ，英語での意味や使われ方を調べてみるといいでしょう．文献中のフレーズの出現頻度の時間変化を調べる Google Ngram Viewer♠6 のような，辞書以外のツールもお勧めです．

♠6 https://books.google.com/ngrams

1 ハイパーメディア

あらゆるティーンはハッカーだ. そうならざるを得ない.[1]
エドワード・スノーデン (1983–)

文書・画像・音声・動画などのマルチメディアデータが, ウェブという一つのハイパーメディアでつながっています. ウェブブラウザ (ブラウザ) が動作するデバイスとインターネット接続さえあれば, 私たちはその膨大な情報にアクセスし, 情報収集や情報発信を行えます.

1.1 ワールドワイドウェブ

ウェブは正式にはワールドワイドウェブ (World Wide Web 略して WWW または Web) といいます. この名前が, ウェブの性質をよく表しています.「ワールドワイド」は「世界規模の」,「ウェブ」は「クモの巣状のもの, ネットワーク」という意味です. つまり, ウェブで発信された情報は, 互いに結びつき,「世界規模のネットワーク」を構成しているのです.

「結びつき」というのは, 単に「…について書かれている」というより強力な関係を表しています. たとえば, この本に「ウィキペ

[1] 山形浩生訳『スノーデン 独白』(河出書房新社, 2019)

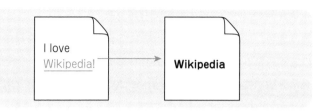

図 1.1　文書の一部（"Wikipedia" という文字列）から別の文書（本物のウィキペディア）にリンクを張れる.

ディア」と書いてあるからといって，読者が印刷されたその文字列からウィキペディアに行けるわけではありません．これに対してウェブの文書では，図 1.1 のように，"Wikipedia" という文字列を，本物のウィキペディアの**ページ**に結びつける（**リンク**させる）ことができるのです．ここでいうページとは，ブラウザによって一度に表示されるデータ（テキスト，画像，音声，動画）のまとまりのことです．**ウェブページ**ともいいます．

このように，文書の一部が別の文書にリンクすることを**ハイパーリンク**，ハイパーリンクを含む文書のことを**ハイパーテキスト**といいます．「テキスト」と言うと文字情報だけのように思えますが，画像や音声，動画などのマルチメディアデータも，ウェブ上で結びつけられます．そういう意味では**ハイパーメディア**と呼べばいいのですが，ハイパーテキストという呼び名の方がよく使われます．

ハイパーテキスト自体は，ウェブの誕生前に実現していました．1986 年に発表された，ハイパーテキストを使ったオンラインマニュアルの記述形式である Texinfo は，いまだに現役です．1987 年にアップルコンピュータが発表した**ハイパーカード**は，商業的には成功しましたが，今ではほとんど使われていません．1991 年には広辞

苑第 4 版に，1995 年には大辞林第 2 版に「ハイパーテキスト」が載りました．ちなみに，「ワールドワイドウェブ」の採録は 1998 年の広辞苑第 5 版と 1995 年の大辞林第 2 版，「ウェブ」の採録は広辞苑第 5 版（ただし「ウェッブ」）と 2006 年の大辞林第 3 版でした．

　しかし，ウェブほど成功したハイパーテキストは他にありません．ウェブの成功の理由として，世界規模であったことと，自由に利用できたことが挙げられるでしょう．

　とはいえ，ウェブがハイパーテキストの理想をすべて実現しているわけではありません．例を挙げます．図 1.2 には，ウェブページ B が，ウェブページ A と C からリンクを張られている様子が描かれています．ウェブページ A を見れば，A から B にリンクが張られていることがわかります．同じように，ウェブページ C を見れば，C から B にリンクが張られていることがわかります．しかし，ウェブページ B を見ても，このページに A や C からリンクが張られていることはわかりません．リンク先からリンク元（**バックリンク**）をたどることはウェブの基本機能（HTTP）ではできないのです．（これは，ページ A から B に移動した後で A にもどる，ブラウザのボタンの話ではありません．）

　細かいことですが，ウェブページ B を公開しているコンピュータ（プログラム）であるウェブサーバの管理者であれば，ウェブページ B へのアクセスログに記録された参照元（**referer**）を見て，ページ B がどこからリンクされているかがわかります．ただし，記録が残るのは実際に A から B に行った人がいた場合だけですし，referer はクライアント側（ブラウザなど，ユーザの端末上）で隠したり偽ったりできるので，この方法でバックリンクが確実にわかるわ

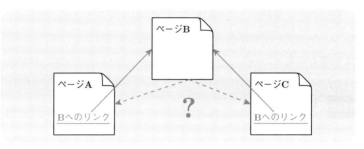

図 1.2 ウェブではできないことの例：リンク先（ページ B）からリンク
元（ページ A，C）をたどること

けではありません．ちなみに，日本語の「参照元」に対応する英単
語の正しいスペリングは "referrer" です．また，かつてグーグルに
は，「link:URL」として指定した URL のバックリンクを検索する
機能がありましたが，廃止されました．

　ちなみに，図 1.1 のようにリンクを張るのに，リンク先（図の例で
はウィキペディア）の許可は不要です．「無断リンク」という表現が
ありますが，無断でリンクを張るのは悪いことではありません．リ
ンクを張るたびに相手の許可を求めていたら，今日のようなウェブ
はおそらくできなかったでしょう．ですから，リンク先のことは気
にせず，自由にリンクを張ってください．これは，リンク先のペー
ジについて何を言ってもいいということではありません．リンクは
自由ですし，その際の発言も自由ですが，発言には責任が伴います．

　ウェブでの発言への批判に対して言論の自由を盾に反論するの
は無意味です．**言論の自由**は "**言論に対する報復として，政府から
処罰されたりしない**"[2]）ということなので，関係ありません．

　自分のウェブサイトに無断でリンクを張られることが嫌だというなら，ウェブで情報を発信するのを止めるか，パスワードなどの制限を導入するといいでしょう．

1.2　URL

　リンクを張るためには，「ウェブページを指し示す方法」が必要です．「ウィキペディアのページ」のようにふつうの言葉でページを指すのではあいまいです．

　ウェブページを確実に指し示すためには，**URL**（あるいは URI）を使います．URL と URI は同じものだと考えてかまいません．URL は，ウェブにある**資源**の「位置」を表現するためのしくみです．ここでは，「資源」はウェブページのことだと考えてかまいません．

　簡単に言えば，日本語版ウィキペディアを指す [https://ja.wikipedia.org] のような文字列のことを URL と呼ぶというだけのことです．「ウィキペディアの URL は https://ja.wikipedia.org です」というのが適切な表現です．「ウィキペディアのアドレスは https://ja.wikipedia.org です」でも通じますが，「アドレス」にはいろんな意味があるので，避けた方がいいでしょう．（これで十分だと思ったら，この節の残りは読み飛ばしてもかまいません．）

1.2.1 URL の形式

[https://ja.wikipedia.org:443/w/index.php?search＝湯川秀樹]
という URL を例に，URL の形式を説明します♠2. これは，ウィ
キペディアで「湯川秀樹」を検索するための URL です.

URL の正確な形式は次のとおりです.

URL の形式

スキーム://オーソリティ/パス?クエリ#フラグメント

例として挙げた URL をこの形式に合わせて分解すると，表 1.1
のようになります. 一つずつ説明します.

表 1.1 URL の構成要素の例

構成要素	例
スキーム	https
オーソリティ	ja.wikipedia.org:443
パス	/w/index.php
クエリ	search＝湯川秀樹

スキーム

スキームは通信方式です. ウェブで主に使われるのは **http** と
https です. http の場合，通信は暗号化されません. https の場
合，通信は暗号化されます（8.4.1 項を参照）.

♠2 URL で使える文字の種類には制限があるため，「湯川秀樹」の部分は,
　　　　%E6%B9%AF%E5%B7%9D%E7%A7%80%E6%A8%B9
とした方が正確なのですが，この本ではわかりやすさのためにあえてあいまい
な書き方をしているところがあります（12.2.6 項を参照）.

オーソリティ

　オーソリティは，ホストとポート番号からなります．**ホスト**はコンピュータの名前，**ポート番号**は通信で使う番号です．表1.1のオーソリティでは，ホストは ja.wikipedia.org，ポート番号は443です．ポート番号は，スキームが http なら80，https なら443を使うのが一般的で，このとおりなら省略できます．つまり，表1.1のオーソリティは「ja.wikipedia.org」だけでかまいません．

　ホストは後ろから読むとわかりやすいです．ja.wikipedia.org であれば，org の中に wikipedia があって，wikipedia の中に ja（日本語）があるのだと解釈します．ですから，（後で説明するパスのように）org/wikipedia/ja と書くことにした方がよかったと思います．直せるなら，「http://」や「https://」の二つのスラッシュは冗長なので，なくしたいところです．Web の発明者であるティム・バーナーズ＝リーも，この2点（ホストの書き方と冗長なスラッシュ）については後悔しているそうです[3]．

パス

　パスは，ホスト内での位置です．ウェブサイト（ページの集まり）の作成者が自由に決めていいのですが，階層構造を表すようにしておくことを勧めます．たとえば，動物の写真を掲載するウェブサイトがあって，オスのライオン（哺乳類）の写真を，[https://example.net/哺乳類/ライオン/オス] で公開していたとしましょう．この URL の「/哺乳類/ライオン/オス」というパスを見ると，「哺乳類→ライオン→オス」という階層構造になっていることが想像できます．メスのトラの写真があるなら，その URL はおそらく

[https://example.net/哺乳類/トラ/メス] でしょう.

　ちなみに,「example.net」や「example.com」などで終わるホスト は,説明の例として使うことになっていて,実在しません.

　URL がオーソリティで終わる場合,最後のスラッシュはなくても かまいません.[https://ja.wikipedia.org] と [https://ja.wikipedia .org/] は同じです.

クエリ

　クエリは,ページを限定するための追加情報です.「文字列 1=文 字列 2」,つまり二つの文字列(文字列のペア)を「=」でつないで書 くことになっています.文字列のペアは「name=矢吹&address= 東京」のように,「&」を使って複数書けます.

　表 1.1 のクエリ「search=湯川秀樹」は,search は日本語で「検 索」なので,「湯川秀樹を検索すること」が,見た目から想像できる ものになっています.この部分が「クエリ(query)」と呼ばれる理 由もわかるでしょう.ただし,この「search」はウィキペディア側 で決められたものなので,「?question=湯川秀樹」のように,勝手 に変えても意味がありません.

フラグメント

　例として挙げた URL には**フラグメント**はありません.フラグメ ントはウェブページの特定の要素を指すのに使います(要素につい ては 3.3.1 項を参照).たとえば,ページの中に「<要素名 id="目 印">」や「<a name="目印">」というタグがあるとき,URL の末尾 に「#目印」を付けて,ページのその要素を指せます.この「目印」 がフラグメントです.記号 # は,番号記号や井げた,ハッシュなど

https://ja.wikipedia.org/wiki/%E7%AC%AC6%E5%9B%9EAKB48%E3%82%B0%E3%83%AB%E3%83%BC%E3%83%97_%E3%82%BD
%E3%83%AD%E3%82%B7%E3%83%B3%E3%82%B0%E3%82%BB%E4%BA%89%E5%A5%AA%E3%81%98%E3%82%83%E3%82%93%E3%81%91%
E3%82%93%E5%A4%A7%E4%BC%9Ain%E6%A8%AA%E6%B5%9C%E3%82%A2%E3%83%AA%E3%83%BC%E3%83%8A%E3%80%9C%E3%81%93
%E3%83%93%E3%81%AA%E3%81%A8%E3%81%93%E3%81%A7%E3%80%81%E9%81%88%E3%81%AA%E3%82%93%E3%81%8B%E3%80%8D%E
4%BD%BF%E3%81%A3%E3%81%A1%E3%82%83%E3%81%86%E3%81%AE%E3%81%8B%E3%81%A8%E6%80%90%E3%81%86%E3%81%8B%E
3%82%82%E3%81%97%E3%82%8C%E3%81%AA%E3%81%84%E3%81%8C%E3%80%81%E3%81%82%E3%82%8A%E3%82%81%E3%82%88%E3
%81%9A%E3%80%81%E5%8B%9D%E3%81%A1%E3%81%9F%E3%81%AA%E3%81%8D%E3%82%83%E3%81%97%E3%82%87%E3%81%86%E3%
81%AA%E3%81%84%E3%81%A0%E3%82%82%E3%81%8F%E3%80%9C

図 1.3　2020 年 2 月 15 日時点で，ウィキペディア日本語版のページの URL で最長のもの（744 文字）．URL で使えない文字に対してエスケープが行われている（12.2.6 項を参照）．

と呼ばれます．楽譜で半音上げることを意味する♯（シャープ）とは別の文字です．12.2.2 項で紹介するユニコードでは，ハッシュは U+0023，シャープは U+266F と区別されています．

1.2.2　長い URL への対応

　URL が，図 1.3 のようにとても長くなることがあります．デジタル文書の中に書かれているなら，クリックするだけ，あるいはコピー & ペーストするだけなので問題ありませんが，印刷されたものをコンピュータに手で入力するのは大変でしょう．この問題は，二次元コードや短縮 URL を使って解決します．

二次元コード

　二次元コードは，カメラで読み取りやすい形式で情報を表示するしくみの一つです．最も普及しているのは **QR コード**でしょう．普及した理由の一つに，開発元のデンソーが，特許権を行使しなかったことが挙げられます[4]．ここでは紹介できませんが，QR コードには URL 以外にも様々な用途があります．

　図 1.3 の URL を QR コードで表すと図 1.4 のようになります．

図 1.4 ウィキペディアの最も長い URL の QR コード

　QR コードにカメラをかざすとその内容を読み取るようなアプリ（プログラム）が，スマートフォン向けに開発されています．それを使うことで，カメラをかざすだけでウェブページにアクセスできるのです．カメラがあるならそれで URL の文字列を直接読み取ればいいと思うかもしれませんが，その方法には「1」と「l」を読みまちがうような危険があります．QR コードには誤り訂正機能があるので，読みまちがいは起こりにくいです．（URL の場合，文脈から推測することはできません．）

　このように便利な QR コードですが，QR コードを見ただけでは，それがどういうウェブページのものなのかがまったくわからないという欠点があります．QR コードを扱うアプリには，QR コードに埋め込まれた URL のページにアクセスする前に，ユーザが URL を目で見て確認できるものとできないものがあります．危険なペー

ジにアクセスするのを避けるために，URL を確認してからページ
にアクセスするアプリを使いましょう.

　QR コードの容量には限界があります．ASCII（12.2.1 項）なら
4,296 文字までです．その一方で，URL の長さには制限がありませ
ん．ですから，QR コードには埋め込めない URL があり得ます.

短縮 URL

　短縮 URL は，長い URL を短くしたものです．先の 744 文字
の URL を，短縮 URL サービスの一つである TinyURL♠3 という
サービスで短くすると，次のような 27 文字の，手で入力するのも
簡単な URL になります.

$$\text{https://tinyurl.com/w6bxfnv}$$

　この URL をブラウザに入力すると，ブラウザはまず TinyURL
にアクセスします．TinyURL がもとの長い URL を教えてくれる
ので，ブラウザは目的のウェブページにアクセスできるというわけ
です．この一連の処理（転送）は自動的に行われます.

　短縮 URL には次のような欠点があります.

欠点①　短縮 URL を見ただけでは，それがどういうウェブページ
　　　　のものなのかがまったくわからない.

欠点②　短縮 URL のサービスが停止すると使えなくなる.

　欠点①は QR コードの場合と同じに見えますが，QR コードの場合
は埋め込まれた URL を目で見て確認できるのに対して，短縮 URL
でウェブページにアクセスする際には転送先を目で見て確認しない

♠3 https://tinyurl.com

のが一般的なので，QR コードより短縮 URL の方が危険です♠4.

欠点②は QR コードにはなかったものです．実際，ピクシブ株式会社が運営する p.tl という短縮 URL サービスが 2017 年に停止した際には，約 880 万件の短縮 URL が無効になりました．グーグルが運営する goo.gl という短縮 URL サービスも 2019 年に新規 URL の発行が停止されました（既存の URL は有効のまま）．

1.2.3 クールな URL は変わらない

ウェブページを作って，[https://www.example.net/page1] という URL で公開したとしましょう．しかし，ページを公開した後で，そのページの URL を [https://www2.example.net/pageA] に変えたくなったとします．そういうことはしない方がいいです．最初の URL に，別のページからリンクが張られているかもしれません．ページの URL が変わると，リンクをたどろうとする人が，ページを見られなくなってしまいます．

ウェブの発明者であるティム・バーナーズ゠リーも，「クールな URI は変わらない」と言っています5)．後で URL を変えなくて済むように，最初によく考えて URL を決めることが大切です．

そうは言っても理想どおりには行かず，URL を変えたくなることもあるでしょう．その場合は，古い URL をたどって来た人に，

♠4 TinyURL の場合は，[https://preview.tinyurl.com/w6bxfnv] のように，「preview.」を付けた URL を使えば，転送先の URL を確認できます．「preview.」を付けない場合も常に転送先を確認するように，ブラウザで設定することもできます．別の短縮 URL サービスである Bitly の場合は，URL の最後に「+」を付けることで，転送先を確認できます（例：[https://bit.ly/bcat-tools+]）．

新しい URL を示すようにしましょう．古い URL へのアクセスを，
自動的に新しい URL へのアクセスに変更（転送）するように，ウェ
ブサーバ（ウェブサイトの公開に使うコンピュータやプログラム）
を設定することもできます．

　ページが見られなくなることに対する，閲覧者側の対策の一つに，
インターネットアーカイブを使うことが挙げられます（11.2 節を
参照）．

1.3 ウェブとインターネットの違い

　ウェブとインターネットは同じものではありません．その違いを
図 1.5 を使って説明します．コンピュータ A，B，C でウェブペー
ジ X，Y，Z が公開されています．コンピュータ D のユーザがこれ
らのウェブページを読んでいます．

　ユーザが，ウェブページ Y を読もうとすると，D から B に実線
を伝って**リクエスト**が行き，B から D に実線を伝って**レスポンス**
（Y のデータ）が返ります．

　Y を読んだユーザが，そこからリンクしているウェブページ X を
読もうとすると，D から A にリクエストが行き，A から D にレス
ポンス（X のデータ）が返ります．

　Y から X にリンクが張られているからといって，Y から X への
通信はありません．通信は，インターネットの回線（図の実線）を
使って行われます．

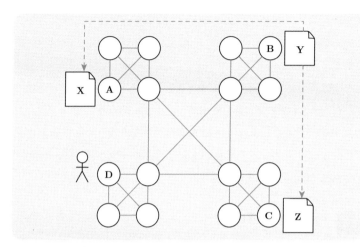

図 1.5 コンピュータ A, B, C でウェブページ X, Y, Z が公開されて
いる様子.（白丸はコンピュータ, 白丸間の実線はコンピュータ
のつながり, 点線はウェブのリンクを表している.）

　コンピュータを表す白丸同士のつながり（実線）は, 有線または
無線（電磁波を用いた通信）によるものです. この総体がインター
ネットです.

　ウェブページ同士のつながり（点線）は, 有線でも無線でもない,
概念的なものです. この総体がウェブです. ウェブページ Y から X
と Z にリンクが張られていますが, これらのページが有線または無
線でつながっているわけではありません.

　国語辞典では見たことがありませんが, コンピュータ同士を結ぶ
有線または無線のつながりを「物理的（physical）」, ウェブページ
同士を結ぶような物理的でないつながりを「論理的（logical）」と
いうことがあります.

　ウェブは，インターネットというネットワークをインフラストラクチュア（インフラ）として，その上に構築されたネットワークなのです．

　そうは言っても，「インターネット」という用語がウェブの意味で使われたり，「ウェブ」という用語がインターネットの意味で使われたりすることはよくあります．よくわからなくなったら，とりあえずは「インターネット」を使いましょう．ウェブがインターネット上にあるのは確かなのですから．

1.4　ウェブブラウザ

　ウェブページを見る最も一般的な方法は，**ウェブブラウザ**（または単に**ブラウザ**）を使うことです．

　ブラウザは一般的な名称です．具体的な製品としては，**Chrome**，**Edge**，**Firefox**，**Safari** などがあります．

　製品ごとにウェブの規格（後述の HTML や CSS）への対応状況に差があるため，同じページでも見え方が変わることがあります．極端な例を図 1.6 に掲載します．

　こういうことがあるので，ウェブページの作成者は，自分が作っているウェブページが正しく表示されることを，複数のブラウザで確かめなければなりません．

　面倒だと思うかもしれませんが，ブラウザに多様性があること，つまり製品が複数あることは，大事なことです．マーケットシェア（市場占有率）がとても高いブラウザがあるとしましょう．そういう状況では，ブラウザの仕様はその製品の開発元が勝手に決められ

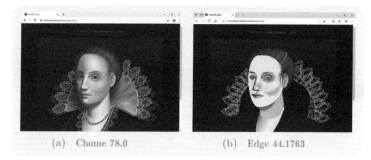

(a) Chome 78.0　　　　　　(b) Edge 44.1763

図 1.6 Pure CSS Lace [https://diana-adrianne.com/purecss-lace/]
の表示のブラウザによる違い

ます．それがオープンでない，つまり開発元以外の人間は中身を変
更できないものだったとすると，他の誰かが良いアイディアを思い
ついたとしても，それを実現する新しいブラウザを大勢に使っても
らうのはとても難しいでしょう．マーケットシェアの高いブラウザ
に致命的な欠陥があった場合に，ウェブのすべてが使えなくなって
しまうという危険もあります．

　ですから，ブラウザの多様性は守らなければなりません．そのた
めに，まずはいろんなブラウザを使ってみましょう．パソコン，ス
マートフォン，タブレットなど，ウェブを利用する端末を複数持っ
ている場合は，パソコンでは Firefox，スマートフォンやタブレッ
トでは Chrome という具合に，端末ごとにブラウザを変えてみては
どうでしょうか．あるいは，グーグルのサービスは Chrome，アマ
ゾンとツイッターは Firefox という具合に，サービスごとにブラウ
ザを変えてみるのもいいかもしれません．

　ウェブページを作成するときは，マーケットシェアが 1 位のブラ
ウザに実験的に導入される新機能は使わずに，標準規格に含まれる
ものだけを使ってウェブページを作ることを原則にしましょう．

1.4.1 ブラウザを安全に使うための注意

　ブラウザは，ウェブを利用するための最も基本的なソフトウェア
です．ブラウザに**セキュリティホール**（セキュリティ上の欠陥）が
あって，それが放置されていると，それを悪用されて個人情報を盗
まれたり，コンピュータやウェブ上のサービスを不正に操作された
りする危険があります．セキュリティホールはブラウザのバージョ
ンアップによって修正されていくので，ブラウザは常に最新版を使
うようにしましょう．

　最新の状態に保つのが大事なのは，ブラウザに限りません．ブラ
ウザは **OS**（Windows，macOS，GNU/Linux など）の上で動き
ますので，OS を最新の状態に保つことも大事です．

　多くの OS やブラウザでは，アップデート（更新）が通知される
ようになっているので，その通知を無視しないようにしましょう．
アップデートが通知されない場合は，定期的にアップデートを確認
するようにしましょう．

　ウェブでファイルを取得（**ダウンロード**）する際，それが「プロ
グラム」の場合は最大限の注意が必要です．よくわからないファイ
ルをダウンロード・実行してはいけません．これは，ウェブからの
ダウンロードに限らず，メールで送られてきたファイルについても
言えることです．Windows では，ファイルの種類は**拡張子**（ファ
イル名の最後の「.」の後の文字列）でわかります．拡張子が bmp,

css, csv, gif, jpeg, jpg, png, txt などであれば比較的安全です。これら以外のファイルは，自分が何をしているのかよくわかっている場合以外は開かないようにしましょう。（Windows のデフォルトの設定では拡張子は表示されないので，エクスプローラの表示タブの「ファイル名拡張子」にチェックを入れて，拡張子が表示されるようにしておきましょう。）

　安全でないファイルについて補足します。マイクロソフトオフィスのファイル（doc, docx, xls, xlsx, ppt, pptx 等）にはマクロと呼ばれるプログラム，html と pdf には JavaScript のプログラムが埋め込まれていることがあります。危険なプログラムの実行を阻止する**ウィルス対策ソフト**が Windows に標準搭載されていますが，それで完璧ということはありません。別のウィルス対策ソフトを導入してもそれは変わりません。通常は，標準搭載のもので十分です。別のものを導入すると，それが原因で不具合が発生することがあります。信頼できないところからダウンロードしたファイルをどうしても開きたい場合は，サンドボックスや仮想マシンの中で開くといいのですが，その具体的な方法はこの本では割愛します。

1.5 アクセス制限

　ウェブでは様々な情報が公開されています．その中には，子供は見ない方が良いものもあります．そういうものへのアクセスを制限する方法を紹介します．

　原則として，ウェブの利用の制限は末端（家の中）で行うものだと考えてください．非リベラル，つまり市民の自由を重視しない社会では，末端以外の場所で制限が行われることがあります．中国の通称**グレートファイアウォール**が有名です．

　末端での制限について，映画を例に説明します．その前提として，念のため，**日本国憲法**を引用します．

> 第二十一条　集会，結社及び言論，出版その他一切の表現の自
> 　　由は，これを保障する．
> 　　2　検閲は，これをしてはならない．通信の秘密は，これ
> 　　を侵してはならない．

　映画には表 1.2 のような区分があります．こういう区分を作ることを国家に期待するのはかまいません．しかし，特定の，たとえば G 以外の映画の制作を国家が禁止することは，**表現の自由**の規制です．18 歳未満が R18+ の映画を観ないように，国家や**プロバイダ**（インターネット接続業者）が通信を監視することは，**通信の秘密**を

表 1.2　映画の区分

G	誰でも観られる．
PG12	12 歳未満が観るときには保護者の指導・助言が必要である．
R15+	15 歳未満は観てはいけない．
R18+	18 歳未満は観てはいけない．

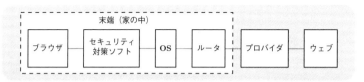

図 1.7　ブラウザとウェブの間にあるもの．フィルタリングは末端（家の中）で行うのが原則．

侵しています．制限は，末端（家庭や映画館）で行うものです[♠5]．

　ウェブの利用の末端での制限は，子供のデジタル機器の利用を保護者が管理する，**ペアレンタルコントロール**（parental controls 親による制限）というしくみの一部として行われるのが一般的です．**フィルタリング**と呼ぶこともあります．

　フィルタリングをどこで行うかを，図 1.7 で説明します．

　最も簡単なのは，OS（Windows，Android，macOS，iOS など）でフィルタリングを行うことでしょう．macOS のペアレンタルコントロールで，アダルトサイトへのアクセスを制限している様子を図 1.8 に掲載します．

　GNU/Linux の一種である **Ubuntu** には，ペアレンタルコントロール機能は標準では備わっていません．子供が家のパソコンの OS を勝手に消去して Ubuntu をインストールしたら，笑って許すしかありません．（GNU/Linux はフリーソフトウェアなので，自由にインストールできます．）

　ペアレンタルコントロールでは，フィルタリングの他に，カメラやマイクなどの利用，ソフトウェアの利用，オンラインストアの利

[♠5] ウェブの自由と規制の関係については，『Code』[2)] が必読書です．

図 1.8　macOS のペアレンタルコントロールで，アダルトサイトへのア
クセスを制限している様子

用，利用可能時間，位置情報などのプライバシーに関わる情報の提
供などを制限できます．何を制限するかは，保護者が決めることで
す．たとえば macOS のペアレンタルコントロールには，「"辞書"
内の不適切な言葉を制限」する機能がありますが，筆者がそれを採
用することはないでしょう．

　セキュリティ対策ソフトでフィルタリングを行うこともあります．
そういうソフトには，OS に標準搭載されているもの，無料で配布
されているもの，有料で販売されているものがあります．いずれに
しても，それ自体が，OS の動作を不安定にするなどの，予期しな
いトラブルを引き起こす原因になることがあります．セキュリティ
対策ソフトが悪意に基づいて作られていることもあります．セキュ
リティ対策ソフトは一般のソフトウェアを監視するものなので，そ

れ自体の問題は，一般のソフトウェアの問題より深刻です．ですから，その導入にはかなりの慎重さが必要です．

ルータ（プロバイダに接続するための機器．家の玄関のようなもの）でフィルタリングを行うこともあります．ペアレンタルコントロール機能を標準搭載していない OS や，セキュリティ対策ソフトウェアを使えない（使いたくない）場合でも有効な方法です．ただし，スマートフォンでルータを経由せずにインターネットに接続するような場合には効果がありません．そもそも，フィルタリング機能を備えていないルータもあります．

このように，フィルタリングの具体的な手段はいろいろありますが，どの手段も完璧ではありません．子供に見せたくないページが見えてしまうことも，子供が見ていいページが見えなくなることもあり得ます．ですから，ペアレンタルコントロールという技術だけに頼るのではなく，ウェブの使い方について大人と子供が普段から話し合い，何らかの原則を確認しておくことが大事です．自分で自分を大切にできる子供は，そうでない子供に比べれば安心かもしれませんが，それで十分ではありません．

> 適切な管理や監視をせずに子どもたちがオンラインになるのを許すことは，彼らをニューヨークに 1 人で置き去りにするのと同じことだ．[6]　　　　　　　ジョン・スラー（1955–）

2 検　　索

われわれはマシンに尋ねるしかるべき質問を考えだせるような
聡明な人間を必要としています．　ハイラム・マッケンジイ[1]

　ウェブという巨大なハイパーメディアで，自分が知りたいものを
見つけるためには，検索が必要です．検索のためのシステムがウェ
ブで公開されていて，**検索エンジン**と呼ばれます．ここでは主に，
キーワードを入力すると，それに関連するウェブページが示される
ような検索エンジンについて説明します．

2.1 検索の基本

　この本は，読者が検索エンジンを使ったことがあることを前提に
して書かれていますが，念のため，その基本的な使い方から確認し
ます．検索エンジンは**グーグル**のものを想定します[2]．ただし，こ
の節で大切なのは，グーグルのような特定の検索エンジンについて
くわしくなることではなく，うまく検索するためのテクニックは，
学ばなければわからないままだと知ることです．

---

[1] アイザック・アシモフ著，小尾芙佐訳『われはロボット』（早川書房, 2004）
収録の小説「災厄のとき」より

[2] https://www.google.com/advanced_search

「囲碁」についての英語のページを探すとしましょう. 筆者が検索するとすれば, 次のようになります.（グーグルに限らず, ウェブで検索することを俗に,「ググる」といいます. 英語では "google", この単語は, 自動詞としても他動詞としても使われます.）

(1) 「go」でググると, 囲碁（Go）に関するページと, プログラミング言語 Go[♠3], ポケモン Go などが混在した結果が返る.

(2) 「go ゲーム」のように, キーワードを増やして, 対象を限定する.

(3) 「go ゲーム -ポケモン」のように, 除外するキーワードをハイフンで指定して, 対象を限定する.

検索し, その結果を見て検索方法を修正します. これをくり返すことで目的のページにたどり着くのです. このような検索行動は, ベリー摘みに似ているので, **ベリー摘みモデル**（berrypicking model）と呼ばれます[1].

検索で出てくるページを絞り込むためのキーワードがいくつか思いつくなら, 検索は半分成功したようなものです. 慣れてくれば, 最初から複数のキーワードを指定することで, 時間を短縮できるようになるでしょう.

「to be or not to be」のように, 単語の種類だけでなく順番も指定して検索したい場合は, "to be or not to be" のように, 全体を ASCII（12.2.1 項）の二重引用符で囲みます. この例に限っては, 二重引用符を使わなくても求める結果が得られますが, 順番

[♠3] JIS の用語は「プログラム言語」ですが, この本では, 一般によく使われていると思われる「プログラミング言語」という表現を使います.

を指定したい場合は二重引用符が必要だと考えてください．二重引用符には，「必ず含める」という意味もあります．「キーワード A キーワード B」で検索すると，どちらかのキーワードが無視されてしまうことがあるのですが，「キーワード A "キーワード B"」とすれば，キーワード B が無視されることはなくなります．

　検索で出てくるページを絞り込む方法は，キーワードの工夫以外にもあります．検索の条件を検索オプションとして指定する方法です．検索オプションの例を表 2.1 に掲載します．

表 2.1　グーグルの検索オプションの例

最終更新	ページが更新された時期を，24 時間以内，1 週間以内，1 か月以内，1 年以内などに限定する．
ドメイン名	検索対象の**ドメイン名**（インターネット上の名前）を指定する．たとえば，日本語版ウィキペディアのみを検索対象にしたければ「site:ja.wikipedia.org」，日本の学校なら「site:ac.jp」や「site:ed.jp」という文字列を含めて検索する（ドメイン名の種類については [https://www.nic.ad.jp/ja/dom/types.html] を参照）．
セーフサーチ	アダルトサイトを除外する．
ファイル形式	ページのファイル形式を指定する．たとえば，PDF 形式のページに限定したければ，「filetype:pdf」という文字列を含めて検索する．（「部外秘 filetype:pdf」で検索した結果を真に受けないように．）
ライセンス	営利目的で使えるかどうか（2 通り），改変したものを配布できるかどうか（2 通り）の合わせて 4 通りを指定する．

2.2 検索すれば何でも見つかる?

「検索すれば何でも見つかる」というのはまちがいです. その理由を五つ紹介します.

第1に, キーワードがわからないことについては検索できません. 囲碁について調べたいと思っても, 「囲碁」や「Go」というキーワードがわからなければ, 調べるのは難しいでしょう.

何か一つでもキーワードがあれば, 検索エンジンが結果を絞り込むための追加のキーワードを提示してくれる, **サジェスト**または**オートコンプリート**と呼ばれる機能に導かれて, 目的のページにたどり着けるかもしれません. しかし, キーワードの提示はアルゴリズム (機械的な計算) によって行われるので, 事実と異なるページ (例:ホロコーストの否認) や, 人の尊厳を損なうようなページへの誘導がなされることに気づきにくいという問題があります.

キーワードではなく, 画像 (例:植物の写真) や音 (鼻歌) で検索できるものもありますが, かなり限定的なので, ここでは紹介しません.

第2に, ウェブに存在しているにもかかわらず検索では出てこないものがあります. 2.3節で説明するように, 検索エンジンは, リンクをたどってページを集めます. ですから, どこからもリンクされていないページは, 検索の対象になりにくいです. ページの制作者が, 検索エンジンに登録されることを拒否している場合, そのページは検索の対象にはなりません. (拒否するという意思は, **robots.txt**というファイルを使ってそのページの制作者が表明します.)

すでに検索エンジンに登録されている情報が, 申請によって削除されることもあります. グーグルから情報を削除する方法は,

[https://support.google.com/websearch/answer/2744324] で解説されています．どのような申請が出されているかは [https://www.lumendatabase.org] で確認できます．申請すれば必ず削除されるというわけではありません．裁判で解決される場合もあります．自分に関わる情報をウェブから削除する，**忘れられる権利（消去権）** が必要だという意見もあります．

ソーシャルメディア（5.2 節）によってウェブが分断されているせいでうまく検索できないこともあります．たとえば，この本の筆者（@yabuki）のツイッターでの発言を検索するなら，Google で「`inurl:twitter.com/yabuki/` キーワード」とするよりも，ツイッター♠4 で「`from:yabuki` キーワード」とする方がよさそうです．

第 3 に，ウェブに存在していないものは検索では出てきません．人類が知っていることのすべてがデジタル化され，ウェブで公開されているわけではないのです．キーワードがわかっても，ウェブにない情報はウェブ検索では見つかりません．

本に書かれていることなら図書館で見つかるかもしれません．本の中身を検索する**グーグルブックス** [https://books.google.co.jp] という試みもありますが，ウェブほど簡単ではありません[7]．図書館には，**レファレンスサービス**という，専門家が調査を手伝ってくれるサービスがあるので，それを活用するのもいいでしょう．レファレンスサービスの事例をまとめたレファレンス協同データベース [https://crd.ndl.go.jp] を見ると，専門家のありがたさがわかります．

♠4 https://twitter.com/search-advanced

　第4に，まだ誰も知らないことは，検索しても出てきません．理想を言えば，ウェブで公開されているデータをコンピュータが勝手に組み合わせて，まだ誰も知らないことを明らかにしてくれるといいのですが，そういうことは，現時点ではできません．そういうことに使えるデータを用意する人がほとんどいないという問題があります．データが用意されたとしても，それらをコンピュータが処理した結果しか見なければ，データに嘘があることに気づきにくいという問題もあります．これらの問題を解決するのは難しいでしょう．

　「生命、宇宙、そして万物についての究極の疑問の答え」を検索すると何らかの答えを得ますが，問いが何なのかがわかっていない人にとっては，答えだけあっても意味がありません[8]．

　第5に，検索で出てくることが，ページの正しさを裏付けるわけではありません．これについては，次節で説明する検索エンジンのしくみを知ると理解できるでしょう．

2.3 検索エンジンのしくみ

　検索エンジンは，私たちがキーワードを入力したときに初めてウェブにページを探しに行くわけではありません．ウェブの文書は膨大なので，そんなことをしていたら，私たちが結果を得るまでにとても長い時間がかかってしまいます．

　そこで検索エンジンは，ユーザからの問い合わせに備えて，次のような準備をしています．

(1)　ウェブをサーフィンし，ページを集める．（クローリング）
(2)　ページの索引を作る．（インデキシング）

表 2.2　説明のための小さなウェブ

URL	内容	リンク先
X	リンゴを食べた.	Z
Y	リンゴとミカンを買った.	X, Z
Z	ミカンを食べた.	X, Y

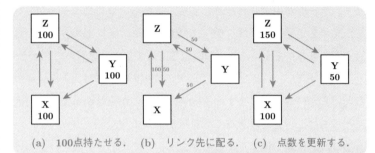

(a)　100点持たせる.　(b)　リンク先に配る.　(c)　点数を更新する.

図 2.1　ページ X が Z, Y が X と Z, Z が X と Y にリンクしている場合の, ページランクの計算方法.（点数が変わらなくなるまで, (b) と (c) をくり返す.）

(3)　ページの順位を決める.（ランキング）

ウェブが, 表 2.2 のような 3 ページ（URL は X, Y, Z）だけからなるとします（ページの関係は図 2.1 (a) のとおり）.

まずは, **クローリング**です. ウェブをサーフィンしてページを集めます. 人間の代わりにウェブページを集めるプログラムを, **クローラ**とか**ロボット**などと呼びます.

次に, **インデキシング**です. 集めてきたページのデータを, データベースで整理します（データベースについては第 10 章を参照）. ただし, ページのデータを単に保存するだけでは意味がありません.

表 2.3 索引	
キーワード	ページ
リンゴ	X, Y
ミカン	Y, Z
食べる	X, Z
買う	Y

表 2.4 ページランク	
ページ	ページランク
X	100
Y	67
Z	133

検索エンジンで使うためには，キーワードですばやく検索できなければなりません．そのために，表 2.3 のような索引を作ります．

最後に，**ランキング**です．ページの「良さ」を計算して，順位を決めておくのです．ページの良さを決める指標はいろいろありますが，ここでは**ページランク**という指標を紹介します．ページランクは，グーグルが最初に使ったランキングの指標です．この本を書いている時点でグーグルは，ウェブページのランキングに 200 を超える指標を使っていると言われています（正式に発表されたものではありません）．とはいえ，ページランクのアイディア自体は今も健在です[9]．ランキングの指標についてくわしく知りたい場合は，「google ランキング 指標」でググってみてください．

ページランクは，「ページの良さは，そのページにリンクしているページの良さで決まる」という考え方で決まるページの良さです．「ページの良さ」の説明に「ページの良さ」という表現を使っているので，国語辞典の語釈としては使えませんが，コンピュータの世界では，物事をこのように決められます．計算するためのプログラムが書ければいいのです．

ページランクの具体的な計算手順は次のようになります（図 2.1）.

(1)　すべてのページに同じ点数を割り振る（図の a）.（ここでは
　　　100 点とする.）

(2)　各ページから，リンク先に点数を等分配する（図の b）.

(3)　配分された点数を合わせて，新しい点数とする（図の c）.

(4)　(2) にもどる.

この手順をくり返すと，点数はだんだん一定の値（X は 100, Y は
$200/3 \fallingdotseq 67$, Z は $400/3 \fallingdotseq 133$）に近づきます. これがページラン
クです♠5. 計算結果は表 2.4 のように記録しておきます.

さて，検索エンジンのユーザが「ミカン」というキーワードで検
索するとしましょう. 表 2.3 を見ると，「ミカン」に関連するページ
は Y と Z だとわかります. 次に表 2.4 と見ると，Y と Z では，Z の
方がページランクが高いことがわかります. ですから，ユーザには
ページ Z と Y をこの順番で提示することになります.

♠5 **線形代数**という数学の 1 分野を学ぶと，この計算が，ページの関係を表現
した行列,

$$
\begin{array}{c c c c}
 & \text{X} & \text{Y} & \text{Z} \\
\begin{array}{c}\text{X}\\\text{Y}\\\text{Z}\end{array} &
\left(\begin{array}{c c c}
0 & 1/2 & 1/2 \\
0 & 0 & 1/2 \\
1 & 1/2 & 0
\end{array}\right)
\end{array}
$$

の**固有ベクトル**を求めることと同じだということがわかります. ふつうの
電卓で行うには難しい計算ですが，**WolframAlpha** [https://www.wolfram
alpha.com] に {{0, 1/2, 1/2}, {0, 0, 1/2}, {1, 1/2, 0}} と問えば，
結果 $(3/4, 1/2, 1)$ を得ます. この結果は，本文で求めた $(100, 200/3, 400/3)$
と本質的には同じものです（比が同じです）.

2.4 検索についての補足

2.4.1 検索エンジンの性質

検索エンジンは，ページの内容が正しいかどうかを判定しません．検索エンジンがやっているのは，キーワードに関連するページを選び出して，**アルゴリズム**（機械的な計算）で決めた順番に並べているだけです．ですから，検索で上位になったからといって，そのページに書かれていることが正しいとは限りません．

また，アルゴリズムで決まることが，検索結果を正当化するわけではないというのも大事なことです．ですから，「ページ X よりページ Z が上位になるのはおかしいのでは？」という問いに対して，「アルゴリズムによるものであり，ページ X もページ Z も平等に扱っている」と回答するのは，木で鼻をくくるようなものです．ここで問われているのは，「どういう手法を使っているのか」，「その手法を使うシステムを，どういうことを目標にして調整したか」，「ランキングを不当に操作していないことを示す再現可能な証拠を出せないのか」というようなことなのです．外部の人間が検索エンジンの内部をチェックできるような透明性があればこういう問いに答えられるのですが，今のところ，検索エンジンの内部は公開されていません．

「Google について」[6] によれば，「Google の使命は，世界中の情報を整理し，世界中の人がアクセスできて使えるようにすること」だそうですが，私たちの世界の見方に大きな影響を及ぼす検索エ

---

[6] https://about.google

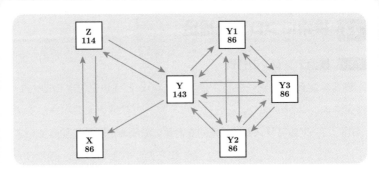

図 2.2　指標がページランクだけだとわかれば，図 2.1 では最下位だった
　　　　Y のページランクを，Y1，Y2，Y3 を作ることで上げられる.

ンジンの詳細に，私たちはアクセスできません.

　図 2.2 に例で示すように，「検索エンジンのアルゴリズムとデータ
を公開すると，その隙を突いて，ページの順位を不当に操作されて
しまう危険がある」という心配はあります．しかし，検索エンジン
のユーザは透明性を求め続け，検索エンジンの開発者は透明性を悪
用されない方法の開発に挑戦してほしいと思います.

2.4.2　精度と再現率

　検索の性能は，図 2.3 のような状況を想定し，**精度**と**再現率**と
いう指標で測ります（表 2.5）．精度と再現率の両方が高ければいい
のですが，たいていの場合，精度を高めようとすると再現率が低く
なり，再現率を高めようとすると精度が下がります．（ウェブの全
体像はわからないので，精度や再現率の具体的な数値は，推測する
ことしかできません.）

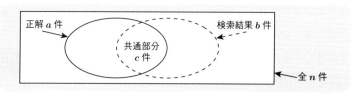

図 2.3 検索エンジンの性能を考える材料. 正解のページがすべて出てくるのが理想だが, 現実の検索結果はそうはならない.

表 2.5 検索エンジンの性能の評価指標 (a, b, c は図 2.3 を参照)

精度	検索結果のうちで, 正解に含まれるものの占める割合 (c/b)
再現率	正解のうちで, 検索結果に含まれるものの占める割合 (c/a)

病気の検査にたとえて説明します[♠7]. ただし, ウェブの検索と病気の検査では, 重視するものが違うことに注意してください. 病気の検査では, 「病気でないと思ったら実は病気だった」と「病気だと思ったら実は病気ではなかった」では, 深刻さがまったく違います. それに比べると, ウェブの検索での, 「出てくるはずのページが出てこない」と「出てくるべきでないページが出てくる」のどちらも, あまり深刻ではありません.

正解に相当するのが本当に病気の人 (a 人), 検索結果に相当するのが陽性, つまり検査の結果病気だと思われる人 (b 人), 共通部分に相当するのが本当に病気かつ陽性の人 (c 人) です.

精度を高める簡単な方法は, 確実に病気だと思われる人だけを陽

[♠7] 病気の検査の性能指標としてよく使われるのは, 感度 (c/a. 再現率と同じ) と特異度 $(n-a-b+c)/(n-a)$ です (n は検査数). 本文で述べた精度と再現率の関係と同様に, 検査技術が同じなら, 感度と特異度はトレードオフの関係にあります.

性とすることです．b を小さくして，b と c が同じになるようにするのです．しかしそうすると，再現率，つまり本当に病気の人のうちで陽性になる人（検査で病気が見つかる人）の割合は下がってしまいます．

　再現率を高める簡単な方法は，全員を陽性にしてしまうことです．b を大きくして，$a = c$ になるようにするのです．しかしそうすると，精度，つまり陽性になる人のうちで本当に病気の人の割合は下がってしまいます．

　検索でもこれと同じことが言えます．精度と再現率はトレードオフの関係にあるのです．

2.4.3 検索サービスのビジネスモデル

　この本を書いている時点で最もよく使われている検索エンジンを提供するグーグルのビジネスモデル（金を稼ぐ方法）を説明します．

　グーグルの検索結果には，検索キーワードに関連するページの一覧の他に，検索キーワードに関連する**広告**が表示されることがあります．このような広告が表示されるしくみは，次のとおりです．

(1)　広告主（広告を出す人）が，検索キーワード（例：「A」）が検索されたときに，自分の広告を表示するよう，グーグルに依頼する．

(2)　検索ユーザが，グーグルでキーワード「A」を検索する．

(3)　検索結果として，キーワード「A」に関連するページの一覧と，広告主から依頼された広告が表示される．

　キーワード「A」に対して広告を出したい広告主が他にもいた場合は「入札」になります．その場合，クリック単価（広告がクリッ

クされるたびに広告主がグーグルに支払う金額）が高い広告が優先的に表示されます.

　これは，消費者が興味を持っていることが明らかなキーワードに対応する広告を見せられるという点で，テレビ・ラジオ・新聞・雑誌などのマスメディアでの広告より効率がいい，つまり，広告を見た人の行動を変える可能性が大きい方法だと思われます.

　グーグルでの検索結果に現れるウェブページは，二つに分けられます.一つ目は，検索エンジンのしくみ（2.3節）によって上位になるものです.グーグルにお金を払って直接順位を操作することはできません.順位を上げる正攻法は，ページの品質を高めることです.二つ目は広告で，お金をたくさん払えば目立つ可能性が大きくなります.グーグルは，この二つを簡単に区別できるように表示すべきです.検索ユーザも，この二つを別物だと認識しなければなりません.

　検索の品質が良い，つまり，検索ユーザが探していた情報がちゃんと見つけられることが大前提です.検索の品質が悪くなれば，グーグルを利用する人は減るでしょう.グーグルを利用する人が減れば，グーグルに広告を依頼する広告主も減るでしょう.

　最もよく使われている検索サービスを提供する企業の収益の柱が広告だからといって，検索サービスの提供に広告が不可欠なわけではありません.マイクロソフトの **Bing**♠8 のような，収益の柱が広告ではない組織が提供する検索サービスもあります（組織の収益について知りたいときは，「組織名 収益構造」でググります）.

♠8 https://www.bing.com

　他の選択肢の存在を気にかけ，ときには使ってみるといいでしょ
う．グーグルの創業者であるセルゲイ・ブリン（1973–）とラリー・
ペイジ（1973–）でさえ，**ページランク**を発表した論文[10]の付録 A
に，次のように書いています．

> 広告を収益源とする検索エンジンは必然的に，消費者ではなく
> 広告主の好みに合うものになるだろう．（中略）広告の問題を考
> えると，透明性があり，アカデミックな世界で運用される，競
> 争力のある検索エンジンが必要だということになる．

　ウェブで広告を見たくなければ，広告ブロック機能をブラウザに
追加しましょう．マスメディアの広告と同じで，消費者は広告を見
るかどうかを選べます．これは，検索に限ったことではなく，ウェ
ブ全体について言えることです．

2.4.4 検索についての調査

　何を検索しているかがわかると，誰が検索しているのかもわかり
ます．2006 年に AOL がユーザの検索履歴を研究用に公開した際に
は，データは匿名化されていたにも関わらず，検索キーワードをも
とにして，ユーザの一部が特定されてしまいました．検索履歴は個
人情報です（6.2 節を参照）．検索履歴を保存されたくない場合は，
DuckDuckGo♠9 のような，検索履歴を保存しないことを宣言し
ている検索エンジンを試すといいでしょう．

　検索履歴は個人情報なので，自分以外の特定の個人が何を検索し
ているかを知ることはできません．しかし，人々が何を検索してい
るかはある程度わかるしくみが用意されています．**グーグルトレン**

♠9 https://duckduckgo.com

ド♠10 はそういうしくみの一つで，検索キーワードを入力すると，そのキーワードが，いつ，どこで，どれくらい検索されたのかがわかるようになっています．

例として，2016年1月1日から2019年12月31日までの間の，「自民党」というキーワードでの検索と，「共産党」というキーワードでの検索の，時間変化と都道府県による違いを調べた結果♠11 を図2.4に示します．これは支持率の変化や地域差ではないことに注意してください．ふだんは表に出ない偏見(へんけん)などが検索では出てきやすいという調査結果が報告されているので11)，支持率と比較(ひかく)すると面白い考察ができるかもしれません．

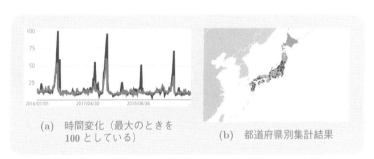

(a)　時間変化（最大のときを100としている）

(b)　都道府県別集計結果

図 2.4　2016年1月1日から2019年12月31日までに「自民党」（黒）と「共産党」（青）が検索された様子

データソース：グーグルトレンド [https://trends.google.com]

♠10 https://trends.google.co.jp

♠11 https://trends.google.co.jp/trends/explore?q=自民党,共産党&geo=JP&date=2016-01-01%202019-12-31

2.4.5 検索を意識した情報発信

　自分が発信する情報をたくさんの人に届けたいなら，その情報が，検索で出てきやすくするように工夫するといいでしょう．

　そのための正攻法は，発信する情報の質を高めることです．発信する情報の質が高いと，いろんなところで話題になるようになり，たくさんのページからリンクされるようになります．その結果，ページランクのような指標での評価が高まり，検索で出てきやすくなるのです．

　その一方で，発信する情報の本質的な部分は変えず，形式を整えることで検索で出てきやすくすることもできます．たとえば，ウェブページが早く表示されるようにするとか，スマートフォンでも見やすいデザインにするとか，http ではなく https でアクセスできるようにするなどといったことです．こういうテクニックを総称して，検索エンジン最適化（**SEO**）といいます．ただし，SEO の効果は検索エンジン次第なので，手間をかけて工夫をしても，検索エンジンの仕様の変更によって，その工夫の効果がなくなってしまう危険があります．ですから，あまり小手先のテクニックに頼らずに，質の高い情報発信を心がけたいものです．

3 自分のメディア

> 印刷機は人々に読み方を教え，インターネットは人々に書き方
> を教えた.　　　　　　　　　　　　　Benjamin Bayart（1973–）

　テレビ・ラジオ・新聞・雑誌などのマスメディアに頼らなくても，
ウェブを使えば誰でも世界に向けて情報を発信できます．この章で
は，ウェブで発信する情報の形式（文章，画像，音声，動画，プログ
ラム）や，発信する際に気を付けてほしいことについて説明します．

3.1 情報発信

　インターネットに接続できる環境にあれば，ウェブを通じて誰
もが世界に向けて情報を発信できるようになりました．それに伴
い，自分が発信したことについて，世界中から反応を受信できるよ
うにもなりました．（そういう意志があれば簡単に実現できるよう
になっているということで，発信した情報を受信し反応してくれる
人がいるかどうかは別問題ではありますが．）

　ウェブがなかった時代，世界に向けて何かを発信することは，
一般市民にはほとんど不可能でした．そういうことができるのは，
テレビ・ラジオ・新聞・雑誌などのマスメディアを使える人に限られ
ていました．それらを使ったとしても，発信される情報が届く範囲

は限定的でした．そういう状 況を，ウェブが変えたのです．

　ウェブで情報を発信できることの恩恵を受けるのは，個人だけではありません．組織が情報を発信するコストもウェブによって下がるので，たくさんの情報を公開して，組織の透明性を高めるということが，ウェブのなかった時代よりやりやすくなりました．

　情報発信が簡単になったことで起こった問題もあります．情報発信の手段がテレビ・ラジオ・新聞・雑誌・本くらいしかなかった時代は，情報発信には大きな責任が伴いました．誤報が多い新聞は売れませんから，新聞記者は発信する内容の裏付けを取る習慣を身に付ける必要があります．しかし，ウェブであれば，そういう習慣が身に付いていない人でも，簡単に情報を発信できます．その結果，発信される情報全体に対する，事実の裏付けがない情報の比率が高まってしまいました．今のところ，この問題の解決の目処はまったく立っていません．「情報を良いものと悪いものに分けて，悪いものを禁止する」というような単純な対策は，**言論の自由**に反しますし，うまく行くとも思えません．この問題は，ソーシャルメディアの普及によってさらに深刻になるので，5.3節で改めて取り上げます．

3.2 「ウェブページ」と「ホームページ」

　情報発信の方法はいろいろありますが，ここでは，ウェブページを作って，それをウェブの一部とすることを考えます．

　ウェブページについては1.1節でも説明しました．ブラウザによって一度に表示されるデータ（文章，画像，音声，動画）のまとまりのことです（国語辞典の語釈は表3.1のとおり）．

表 3.1　「ウェブページ」の語釈

広辞苑	ウェブブラウザーによってディスプレーに一度に表示されるデータのまとまり．テキストデータ・画像・音声・動画などを要素にしたページの構成が HTML などによって記述される．（2008 年の第 6 版で採録）
大辞林	インターネットのホームページ．（2006 年の第 3 版で採録）

表 3.2　「ウェブサイト」の語釈

広辞苑	関連のある一連のウェブページがまとまって置かれている，インターネット上での場所．WWW サイト．（2008 年の第 6 版で採録）
大辞林	インターネット上で展開されている，情報の集合体としてのホームページ．また，そのインターネット上での場所．サイト．（2006 年の第 3 版で採録）

　一つのホストで公開されているページ全体のことを**ウェブサイト**といいます（国語辞典の語釈は表 3.2 のとおり）．たとえば，W3C（ウェブの規格を定めてきた団体）のウェブサイトは，URL が [https://www.w3.org/...] であるようなページの全体です．

　ウェブサイトのページで，[https://www.w3.org] のように，パスの部分がない URL（1.2 節）のものを**ホストページ**または**トップページ**といいます．

　「ホームページ」はいろんな意味で使われる単語です（国語辞典の語釈は表 3.3 のとおり）．図 3.1 はその一例です．Firefox（ブラウザ）では，「ホームページ」は，①新しいウィンドウを開いたときに表示されるように設定されたページと，②ホームボタンを押したときに表示されるように設定されたページを意味しています．

　「ホームページ」の図 3.1 での意味と国語辞典の語釈をまとめると表 3.4 のようになります．ネットサーフィンに慣れている人と，よ

表 3.3　「ホームページ」の語釈

広辞苑	インターネットのウェブサイトの最初のページ．サイトにあるデータを総称して呼ぶ場合もある．（1998 年の第 5 版で採録）
大辞林	インターネットの WWW サーバーに接続して最初に見える，表紙に相当する画面．また，WWW サーバーが提供する画面の総称としても用いられる．（2006 年の第 3 版で採録）

図 3.1　筆者の Firefox の設定画面（ホームページとして
[https://www.wolframalpha.com] が設定されている．）

くわからずに国語辞典を引く人の間では，「ホームページ」という単語は誤解を生む原因になるかもしれません．単一のページのことなら「ウェブページ」，同一ホストのウェブページ全体のことなら「ウェブサイト」という表現を使うのがよさそうです．例外はあります．たとえば，グーグル広告（2.4.3 項）のキーワードプランナーで，2018 年 11 月から 2019 年 10 月の月間平均検索ボリュームを調べると，「ホームページ制作」が 1000～1 万，「ウェブサイト制作」が 100～1000，「ウェブページ制作」が 10～100 でした．ですから，ウェブ開発のマーケティングにおいては，常に「ホームページ」という単語を使うのがいいかもしれません．

表 3.4 「ホームページ」が表すもの

意味	広辞苑	大辞林
ブラウザのウィンドウを開いたときに表示されるページ	×	×
ブラウザのホームボタンを押したときに表示されるページ	×	×
ウェブサイトのホストページ（トップページ）	○	○
ウェブページ	×	○
ウェブサイト	○	○

3.3 コンテンツの形式

　ウェブでの情報発信では，様々な形式が使えます．その中でも特によく使われるものを紹介します．

3.3.1 プレーンテキストと HTML

　簡単に言えば，「文字だけ」の形式を**プレーンテキスト**といいます．プレーンテキストで発信される情報は，たいていの環境で読めます．将来読めなくなるということもないでしょう．

　第 1 章で述べたように，ウェブは巨大なハイパーメディアです．ハイパーメディアを実現するためには，文書から文書にリンクを張れなければなりません．プレーンテキストの文書から別の文書にリンクを張るためには，工夫が必要です．そういう工夫の中で，最もよく使われるのが **HTML** です．ここでは，HTML の書き方を説明します．

HTML の要素

　図 3.2（上）は，"I love Wikipedia!" という内容のページを閲覧している様子です．このページの "Wikipedia" をクリック（タップ）

図 3.2　閲覧しているウェブページ（上）と，その HTML（左下）

すると，[https://ja.wikipedia.org] が開かれるようになっています．
つまり，"Wikipedia" という文字列から [https://ja.wikipedia.org]
にあるウェブページにリンクが張られている（文字列が文書にリン
クしている）のです．

　このようなリンクを実現するための HTML を，**開発ツール（デ
ベロッパーツール）** と呼ばれるブラウザの機能を使って見ている様
子が図 3.2（左下）です．

　HTML の主要部分だけ抜き出すと，次のとおりです．

```
<a href="https://ja.wikipedia.org">Wikipedia</a>
```
　　　　　　リンク先の **URL**　　　　　　アンカーテキスト

このような HTML の記述があると，多くのブラウザでは，

Wikipedia

のように文字列に下線が引かれ，文字列をクリックあるいはタップ
すると，リンク先のページが現れます．（アンカーテキストの部分
に入れるのは，画像など，テキスト以外のものでもかまいません．）

　リンクのための HTML は，次のような構成になっています．

　開始タグ（<要素名 ...>）からそれに対応する終了タグ（</要
素名>）までのひとかたまりが，一つの**要素**です（この例の要素名
は「a」）．開始タグが「<a 」で始まっているこの要素は，**a 要素**と
呼ばれます（a は anchor，つまり錨の頭文字）．要素の各部分につ
いての説明を表 3.5 にまとめます．

　要素を記述する際に使う引用符について細かい注意をします．一
般的な文章で引用符を使う場合，"ABC" や 'DEF' のように，始
まりと終わりで形（向き）を変えます．これは，（丸括弧）や「カ
ギ括弧」などの始まりと終わりで形（向き）が違うのと同じことで
す．しかし，HTML のようにコンピュータへの指示を書くときに
は，引用符は始まりも終わりも同じ形のものを使います．12.2.2 項
で紹介する記法で書くと，一般的な文章で使う "二重引用符" の始
まりは U+201C で終わりは U+201D，'シングルクォート' の始
まりは U+2018 で終わりは U+2019 ですが，属性を囲う二重引用
符は始まりも終わりも U+0022，シングルクォートは始まりも終わ
りも U+0027 です．

表 3.5　HTML の要素に関する用語（「...」は省略を表す.）

用語	例	補足
開始タグ	`<a ...>`	`<要素名 ...>` という記述
終了タグ	`</a>`	`</要素名>` という記述
属性	`href="https:..."`	開始タグの中に書かれる「A="B"」という形式の記述
属性名	`href`	属性の記述 A="B" の A の部分
属性値	`https:...`	属性の記述 A="B" の B の部分. 属性値は二重引用符（クォーテーションマーク）「"」またはシングルクォート「'」で囲む（前後で同じものを使う）.

　属性値の中で引用符を使いたいときは, 文字参照（12.2.5 項）を使います. ただし, `"rock 'n' roll"` のように, 二重引用符で囲まれた中でのシングルクォートや, シングルクォートで囲まれた中での二重引用符は, そのまま書けます.

HTML の構造

　HTML 文書は, 入れ子になった要素でできています. その枠組みは図 3.3 のようになります. 1 行目には, その文書が HTML 文書であることを宣言する, **文書型宣言**を書きます. これを別にすると, HTML 文書の全体が一つの **html 要素**になっています. html 要素の中に, **head 要素**と **body 要素**があります. head 要素には, メタ情報（文書についての説明的なこと）を書きます. メタ情報には, 文字コード（12.2 節), タイトルなどがあります. body 要素には本文を書きます.

　HTML についての基本的な説明は以上です. あとは, HTML で用意されている様々なタグを知れば, HTML 文書を書けるように

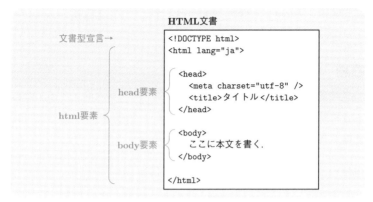

HTML文書

```
<!DOCTYPE html>
<html lang="ja">

  <head>
    <meta charset="utf-8" />
    <title>タイトル</title>
  </head>

  <body>
    ここに本文を書く.
  </body>

</html>
```

文書型宣言→

head要素

html要素

body要素

図 3.3 HTML 文書の枠組み. HTML 文書は文書型宣言と html 要素か
らなる.(アイヌ語のページでは ja を ain にする. 琉球語は
島ごとにさまざま.)

なります♠1. HTML のタグはたくさんあり,そのすべてをここで
紹介することはできません.どんなタグがあるのか知りたい場合は,
ウェブ上のリファレンス♠2 などを参照してください.

 このように,文字列(HTML の場合は <a href...> や </a> な
どのタグ)を使って文書を修飾することを**マークアップ**といいま
す.HTML はマークアップのための言語(マークアップ言語)の一
種です.マークアップ言語は他にもあります.たとえば,この本の
草稿は,**マークダウン**や LaTeX というマークアップ言語で書かれ
ました.マークダウンはソフトウェア関係の技術文書を書くときに,
LaTeX は理工系の論文や本を書くときによく使われるマークアップ

♠1 Visual Studio Code などのテキストエディタで HTML 文書を書き,拡
張子が html のファイルに保存,そのファイルをブラウザで開きます.
♠2 例として,「とほほの WWW 入門」[http://www.tohoho-web.com/www
.htm] と [https://developer.mozilla.org/ja/docs/Web/HTML] を挙げます.

言語です．ウィキペディアなどの**ウィキ**は，**ウィキ記法**というマークアップ言語を使って書かれます．

3.3.2 マルチメディア

ウェブでは，文字，画像，音声，動画など，様々なメディアを組み合わせた，**マルチメディア**のコンテンツを 扱 えます．ここでは，画像，音声，動画の扱い方を紹介します．

画像

画像ファイル foo.png があるとしましょう．次のような img 要素を使って，このファイルをウェブページ上で表示します．画像を表示できない環境や，読み上げソフトウェアを使っているユーザのために，alt 属性に代替テキスト（text alternatives）を書きます（p. 66 の表 3.6 の 1.1 項）．

```
<img src="foo.png" alt="ここには画像についての説明を書く. " />
```

画像には，**ラスタ形式**と**ベクタ形式**があります．

ラスタ形式は，画像を「点」の並びで表現したものです．HTML 文書で使える具体的な形式は，**PNG**, **JPEG**, **GIF**, **BMP**, **TIFF** などです．**ペイント系**と呼ばれるソフトウェアで作成するのが一般的です．

ベクタ形式は，画像を直線や曲線などの「図形」で表現したものです．HTML 文書で使える具体的な形式は **SVG** です．**ドロー系**と呼ばれるソフトウェアで作成するのが一般的です．ちなみに，HTML 文書に限定しなければ，ベクタ形式を扱いやすいのは PDF です．

両者の違いがわかる例として，「円」をラスタ形式とベクタ形式

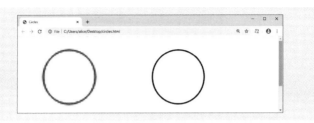

図 3.4 半径 20 px の円を 500% に拡大して表示した様子. 左はラスタ
形式, 右はベクタ形式.

で表現し, 拡大表示した結果を図 3.4 に掲載します. ラスタ形式の
円（具体的な点の並び）は, 拡大するとギザギザになります. ベク
タ形式の円（中心からの距離が一定の曲線）は, 拡大してもなめら
かなままです.

　ウェブで利用する画像の形式は, ラスタ形式とベクタ形式の特徴
をよく理解して選びましょう. 写真や画面キャプチャは, ラスタ形
式にせざるをえません. グラフ（チャート）はベクタ形式の方がき
れいですが, ラスタ形式の方が作るのは簡単かもしれません. くわ
しい説明は割愛しますが, **canvas 要素**（ラスタ形式）や **svg 要素**
（ベクタ形式）を使うと, プログラム（3.3.3 項）で画像を操作でき
ます. ウェブページ上で 3 次元 CG を扱うための, **WebGL** とい
うしくみもあります.

音声と動画

　音声ファイル foo.mp3 と動画ファイル bar.mp4 があるとしま
しょう. 音声は **audio 要素**, 動画は **video 要素**を使って, ウェブ
ページ上で再生します.

　まずは audio 要素の例です.

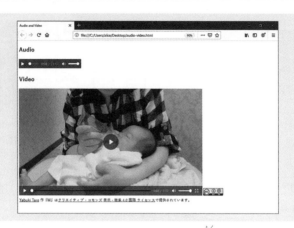

図 3.5　本文掲載の audio 要素と video 要素を含むページをブラウザで表示させた結果（いずれもコントロールあり）．下に表示されているライセンスについては 4.3.1 項を参照．

```
<audio controls src="foo.mp3">
  このブラウザでは再生できません.
</audio>
```

次は video 要素の例です．

```
<video controls width="800" src="bar.mp4">
  このブラウザでは再生できません.
</video>
```

いずれの要素にも，**controls** と記述しているので，再生，一時停止，音量変更，再生位置指定（シーク）のためのコントロール（ユーザインタフェース）が表示されます．図 3.5 はその一例です．（ブラウザによって変わります．ブラウザが音声ファイルや動画ファイルに対応していない場合は「このブラウザでは再生できません.」と表示するようにしています．）

3.3.3 プログラム

これまでに紹介してきたのは，あらかじめ用意しておいた文書，画像，音声，動画をウェブで発信する方法でした．ページのコンテンツ（内容）やユーザインタフェース（UI）は，あらかじめ用意するのではなく，ユーザからの要求に応じてその場で作り出したり書き換えたりもできます．そのためには，プログラムを使います．

プログラムには，ページの操作性を向上させられるという利点もあります．その例として，2005 年にサービスを開始した，グーグルマップ [https://www.google.co.jp/maps] が挙げられます．ウェブで地図を閲覧するサービスはそれ以前にもありましたが，地図を動かすために矢印をクリックし，別のページに移動しなければならないものでした．ページの移動ではなく，ページ上で動作するプログラムで地図を書き換えるようにしたのが画期的で，これにより，地図の操作性は大きく向上しました．

プログラムは大きく分けて，**クライアント側**（ブラウザなど，ユーザの端末上）で動くものと，**サーバ側**で動くものがあります．ここでは，クライアント側で動くプログラムについて説明します．サーバ側で動くプログラムについては，9.1.1 項で説明します．

クライアント側でプログラムを動かすしくみは，Shockwave, Flash, Java Applet, Silverlight, WebAssembly などいろいろと提案されてきましたが，この本を書いている時点で，モバイル環境を含むたいていのブラウザでサポートされていて，手軽に使えるのは **JavaScript** だけです．ですから，ここでは JavaScript だけを紹介します．

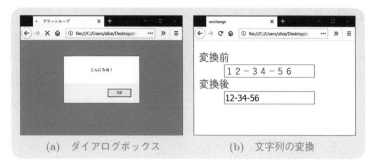

(a)　ダイアログボックス　　　　　(b)　文字列の変換

図 3.6　ウェブページ上で動くプログラムの例

　例を二つ挙げます．まず，ユーザインタフェースを作り出す例として，ダイアログボックスを作る方法を紹介します（図 3.6 (a)）．次に，ページの操作性を向上させる例として，入力された文字列を変換_{へんかん}する方法を紹介します（図 3.6 (b)）．いずれの例も，プログラムを理解する必要はありません．実際にブラウザ上で動くプログラムを書いてみたくなったら，JavaScript を学んでください．

ダイアログボックス

　ダイアログボックスを作るプログラムを以下に掲載します（実行結果は図 3.6 (a)）．

```
<script>
  alert("こんにちは！");
</script>
```

　for(;;) { プログラム } とするとプログラムが無限にくり返されることを応用して，**アラートループ**または**無限アラート**と呼ばれる「いたずら」ができます．メッセージが表示され続けるので，ブラウザ（あるいはタブ）を閉じて終わらせてください．

```
<script>
  for (;;) { // 無限ループ
    alert("こんにちは！");
  }
</script>
```

入力された文字列の変換

「0」から「9」までと「－」の，いわゆる全角文字（12.2.3 項）を，ASCII 文字（12.2.1 項）に置き換えるプログラムを以下に掲載します（実行結果は図 3.6 (b)）．住所を入力する際に，「全角文字で」とか「半角文字で」などと言われることがありますが，人間がどちらを入力しても，適切な方に自動的に置き換えてくれるプログラムがあると便利です．

```
<dl>
  <dt>変換前</dt>
  <dd><input id="before" type="text" placeholder="変換前" /></dd>
  <dt>変換後</dt>
  <dd><input id="after"  type="text" placeholder="変換後" /></dd>
</dl>
<script>
const myBefore = document.getElementById("before"); // 変換前の要素
const myAfter  = document.getElementById("after");  // 変換後の要素
myBefore.addEventListener("input", (e) => { // イベントハンドラの登録
    "use strict";
    myAfter.value =            // 変換後の値を次で置き換える．
      e.target.value.          // 変換前の値の
        replace(/－/gu, "-").  // 「－」を「-」に置き換え，
        replace(/０/gu, "0").  // 「０」を「0」に置き換え，
        replace(/１/gu, "1").  // 「１」を「1」に置き換え，
        // 省略
        replace(/９/gu, "9"); // 「９」を「9」に置き換える．
});
</script>
```

　「2」から「8」のためのコードは省略しています．プログラミングに慣れているともう少し短く書けるのですが，この本の範囲を大きく超えるので，その方法は割愛します．ちなみに，「入力された文字列が変更されたら…」というように，何かが起きることを**イベント**，イベントに対応する処理をイベントハンドラ，イベントハンドラを組み合わせてプログラムを書くことをイベント駆動プログラミングといいます．

　細かいことですが，ここで紹介したのは操作性の向上のためのものだということに注意してください．このプログラムは，第 9 章で紹介するウェブアプリケーションサーバに送られるデータを ASCII に「限定」する目的には使えません．ブラウザ上のデータはクライアント側で勝手に変えられるからです．データの形式のチェックは，サーバ側で行わなければなりません．

ウェブページにプログラムを埋め込むこと

　ウェブページにプログラムを埋め込むことについて補足します．

　まず，ウェブページを読む側の話です．JavaScript のプログラムは，**サンドボックス**の中で実行されます．サンドボックスというのは，コンピュータの中に新たに作られる限定的な環境です．サンドボックスの中で動くプログラムからは，特別に許可しない限り，サンドボックスの外にあるファイル等にはアクセスできないようになっています．これはとても強力な考え方で，コンピュータの中に仮想環境を作り出す**仮想マシン**や**コンテナ**といった技術でも採用されています．ただしサンドボックスには，機器が備える機能のうちで使えるものが限定されるという欠点もあります．たとえば，ス

マートフォンには様々なセンサが搭載[とうさい]されていますが，それらを
JavaScript で利用するためには，特別な設定やユーザの許可が必要
になります．いずれにしても，よくわからないプログラムが動くこ
とを過度に心配する必要はありません．JavaScript が動かないよう
にブラウザを設定することもできますが，そうすることによって，
閲覧できなくなるページもたくさんあるでしょう．多くのウェブサ
イトは JavaScript が動くことを前提に作られているからです．

　次に，ウェブページを作る側の話です．プログラムが動くのは，
ユーザのブラウザ上です．極端[きょくたん]に言えば，ユーザ（またはその家
族）が払う[はら]電気代でプログラムが動きます．ですから，内容と関係
ないプログラムをページに埋め込むことは，「モラル」に反していま
す．また，ウェブページは JavaScript が動かないブラウザでも閲
覧できるようにしておきたいです（グーグルマップにそれは求めま
せんが）．そういうページは，スクレイピング（9.2 節）や読み上げ
のためのプログラムなどでの処理がしやすいからです．

3.4 情報発信の形式

　ウェブでマルチメディアの情報を発信する技術を紹介してきまし
た．この節では，技術とは違う視点で，情報発信について考えます．

3.4.1 アクセシビリティ

　ウェブサイトは，**アクセシビリティ**を高めることを意識して作り
ましょう．アクセシビリティとは，"**様々な能力をもつ最も幅広い[はばひろ]層
の人々に対する製品，サービス，環境又[また]は施設[しせつ]（のインタラクティ
ブシステム）のユーザビリティ**"（JIS X 8341-1:2010）のことです．

表3.6 WCAG 2.1 の基準[12)]

項	基準
1.1	すべての非テキストコンテンツには，拡大印刷，点字，音声，シンボル，平易な言葉などの利用者が必要とする形式に変換できるように，テキストによる代替を提供すること．
1.2	時間依存メディアには代替コンテンツを提供すること．
1.3	情報，及び構造を損なうことなく，様々な方法（例えば，よりシンプルなレイアウト）で提供できるようにコンテンツを制作すること．
1.4	コンテンツを，利用者にとって見やすく，聞きやすいものにすること．これには，前景と背景を区別することも含む．
2.1	すべての機能をキーボードから利用できるようにすること．
2.2	利用者がコンテンツを読み，使用するために十分な時間を提供すること．
2.3	発作や身体的反応を引き起こすようなコンテンツを設計しないこと．
2.4	利用者がナビゲートしたり，コンテンツを探し出したり，現在位置を確認したりすることを手助けする手段を提供すること．
2.5	利用者がキーボード以外の様々な入力を通じて機能を操作しやすくすること．
3.1	テキストのコンテンツを読みやすく理解可能にすること．
3.2	ウェブページの表示や挙動を予測可能にすること．
3.3	利用者の間違いを防ぎ，修正を支援すること．
4.1	現在及び将来の，支援技術を含むユーザエージェントとの互換性を最大化すること．

アクセシビリティについての規格，**WCAG** 2.1[12)] では，表3.6 のような基準が挙げられています．これらの基準の中には，この本のこの段階では気にする必要がないものもあります．第9章で「ウェブアプリケーション」について学んだら，もう一度これらの基準を読み返してください．

アクセシビリティとは別の基準に，**ユーザエクスペリエンス（UX）** があります．UX とは，"**製品，システム又はサービスの使用及び／又は使用を想定したことによって生じる個人の知覚及び反応**"（JIS

Z 8530:2019），つまり「ユーザ（利用者）の体験」です．理想的な
UX を目標にしたデザインを，UX デザインといいます．

3.4.2 再利用のしやすさ

　最低気温と最高気温を毎日測定し，ウェブで公開するとしましょ
う♠3．公開したいのは表 3.7 のようなデータです（参考のために
HTML も掲載しました）．

　人間に見せるだけなら，表 3.7（と図 3.7 (b) のようなグラフ）を
HTML 文書として公開すれば十分でしょう．HTML 文書の見え
方は見る側の環境によって多少変わりますが，たいていの場合は問
題になりません．多少の変化が問題になる場合は，HTML でなく
PDF で公開します．

　しかし，人間が見て終わりではない場合には，別の形式を使った
方がいいかもしれません．たとえば，「公開されるデータを毎日読み
込んで，前日の最高気温と最低気温をチェックするようなプログラ
ム」を書く人がいたとしましょう．公開されるデータが HTML や
PDF だと，そういうプログラムを書くのが少し面倒なのです．具体
的にどう面倒なのかはここでは説明しませんが，データが図 3.7 (a)
のような **CSV**（後述）形式で公開されていれば，それを読み込んで
処理するプログラムは，HTML（表 3.7 の右側）を処理するプログ
ラムより簡単に書けるということは，納得できるのではないでしょ
うか．

♠3 日本の気象データは気象庁が [https://www.data.jma.go.jp/obd/stats/etrn/] で公開しています．**WolframAlpha** [https://www.wolframalpha.com] で「tokyo temperature from 2016/5/23 to 2016/5/29」などとして様子を見ることもできます．

表3.7　2016年5月23日から29日の東京の気温（摂氏）

日	最低	最高
23	18	31
24	21	29
25	20	24
26	21	27
27	15	21
28	16	23
29	16	26

```
<table>
<tr><th>日</th><th>最低</th><th>最高</th></tr>
<tr><td>23</td><td>18</td><td>31</td></tr>
<tr><td>24</td><td>21</td><td>29</td></tr>
<tr><td>25</td><td>20</td><td>24</td></tr>
<tr><td>26</td><td>21</td><td>27</td></tr>
<tr><td>27</td><td>15</td><td>21</td></tr>
<tr><td>28</td><td>16</td><td>23</td></tr>
<tr><td>29</td><td>16</td><td>26</td></tr>
</table>
```

　図3.7 (b) のようなグラフ[4] しか公開されていない場合は深刻で，そこから正確にデータを取り出すのにはかなりの手間がかかります（不可能な場合もあります）．

　CSV では，1行に1件のデータを，コンマで区切って記録します．データを扱う多くのプログラムに，CSV 形式を扱う機能が備えられています．たとえば，表計算ソフトウェアの Excel は，CSV 形式のファイルを表として読み込めます．

　CSV のように，プログラムで処理しやすくなっているデータは**マシンリーダブル**だといわれます．HTML や PDF も，コンピュータで扱えるという意味ではマシンリーダブルですが，CSV の方が，もっとマシンリーダブルなのです．データを公開するときは，CSV

---

[4] 気温（摂氏）は**間隔尺度**，つまり「差」には意味があり「比」には意味がないものなので，変化を可視化するときは一般に**折れ線グラフ**を使います．降水量は**比例尺度**，つまり「比」にも意味があるものなので，変化を可視化するときは一般に**棒グラフ**を使います．気温も絶対温度なら比例尺度なので，棒グラフにしてかまいませんが，わかりやすくはならないでしょう．

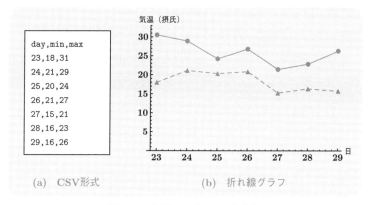

```
day,min,max
23,18,31
24,21,29
25,20,24
26,21,27
27,15,21
28,16,23
29,16,26
```

(a) CSV形式   (b) 折れ線グラフ

図 3.7 気温の変化の表現形式

のような，データだけを含んだ，プログラムで処理しやすい形式を
使うようにしましょう．

3.4.3 モバイル対応

ウェブページの読みやすさのために不可欠な点を補足します．

HTML の要素のサイズは**ピクセル**（px）数で指定するのが一般
的です．幅 16 px の文字があるとしましょう．通常この文字は幅
16 **ドット**（**画素**）で表示されます（画素はディスプレーが表示でき
る最小の点）．このように，1 ピクセルを 1 ドットで表示すること
を，**ドットバイドット**といいます．

1 ドットあたりの実サイズはディスプレーによります．16 ドット
が実際に何 mm で表示されるかもディスプレーによります．ですか
ら，「幅をちょうど 5 mm にする」というような，印刷物なら簡単
に実現できることを，HTML で実現するのは難しいです．

　これが深刻な問題になるのは，スマートフォンのような，小さい画面のモバイル機器でウェブページを閲覧するときです．

　スマートフォンでの見え方を，ブラウザの**開発ツール（デベロッパーツール）**でシミュレートしている様子を図 3.8 に示します．

　スマートフォンのディスプレーには，画素数が 1080×1980 ドット，いわゆるフルハイビジョンを超えるようなものがありますが，そういうディスプレーで幅 16 px の文字をドットバイドットで表示すると，とても小さく見づらいものになってしまいます（図 3.8 (a)）．ウェブページはモバイル機器で読まれることが多いため，この問題を放置するわけにはいきません．モバイル機器で快適に読めるようにするのが最優先だという，**モバイルファースト**という考え方もあるくらいです．

　この問題を避けるために，1080×1980 ドットのディスプレーを，375×667 ドットのディスプレーとして使うというようなことが行われます．ディスプレーの幅が 375 ドットであれば，幅 16 px の要素が小さすぎるということはないでしょう（図 3.8 (b)）．

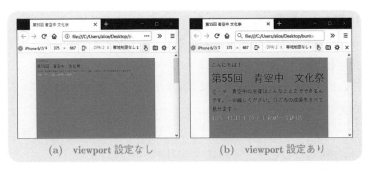

(a)　viewport 設定なし　　　　(b)　viewport 設定あり

図 3.8　スマートフォンでの見え方をシミュレートしている様子

この例の「375」のような想定ドット数は，スマートフォンの機種ごとに決まっています．HTML 文書の head 要素内に，次のように記述することで，その数値が採用されます．この **viewport** の設定は，ウェブページをスマートフォンなどのモバイル機器に対応させるための必須事項です．

```
<meta name="viewport" content="width=device-width" />
```

3.5 HTML 文書の正しさ

HTML で「表」をマークアップする例（表 3.7 の右側）を使って，HTML 文書の正しさについて説明します．HTML 文書の正しさには，表 3.8 のような観点があります．

表 3.8 HTML 文書の正しさの観点

観点	判定すべきこと
構文	マークアップが HTML の規格どおりかどうか
意味	マークアップの意味が作成者の意図どおりかどうか
表示	ページの表示が作成者の意図どおりかどうか
内容	ページの内容が正しいかどうか

表 3.7 の HTML の「構文」は正しいです（たとえば，最後の `</table>` が `<table>` なら，構文がまちがっています）．構文が正しければ，table 要素は表を「意味」し，その結果として表が「表示」されます．作成者の意図が「気温を表形式で表現すること」だとすれば，表 3.7 の HTML の「意味」，「表示」は正しいです．table 要素を使わずに，数値，空白，改行をうまく使えば，表を表示することはできます．それで「表示」は正しくなりますが，「意味」は正し

くなりません.「内容」の正しさは,気象庁の発表などと比べることで確認します(割愛).

　構文と意味が正しくなくても,表示が正しくなってしまうことがあります.この点で,HTML は一般的なプログラミング言語とは違います.プログラミングでは,構文が正しいことはプログラムが動作するための最低条件です.HTML 文書の場合,構文が少しくらいまちがっていてもページは読めることが多いです.しかし,アクセスビリティ(3.4.1項)や再利用のしやすさ(3.4.2項)を高めるために,構文は正しくしておくべきです.重大なまちがいがあると読めなくなりますし,目の不自由な人のための読み上げソフトウェアなど,ブラウザ以外のプログラムは,小さなまちがいにも対応できないかもしれないからです.とはいえ,ティム・バーナーズ=リーが勧めているように♠5,他人が書く HTML に対しては寛容になりましょう.

3.5.1 HTML の構文のチェック

　HTML の構文は,W3C が公開しているサービス,**Markup Validation Service**♠6 でチェックできます♠7.

　例として,表3.9のような HTML 文書♠8(表示例は図3.8 (a))

♠5 https://www.w3.org/DesignIssues/Principles.html#Tolerance
♠6 https://validator.w3.org
♠7 HTML を書くのに使うソフトウェアでチェックするのが実践的です.筆者は普段,Visual Studio Code(テキストエディタ)の拡張機能「W3C Validation」で構文をチェックしています.
♠8 HTML 文書の出典は平成 28–31 年度用の文部科学省検定済教科書『新技術・家庭 技術分野』(教育図書).教科書がいつも正しいわけではありません.表3.9 の空行は見やすさのために筆者が補ったもので,原文にはありません(HTML では空行は意味を持ちません).

をチェックした結果を表 3.10 にまとめます（番号は共通）.

表 3.9　まちがい（詳細は表 3.10）を含んだ HTML 文書

番号	HTML
3	
1	`<html>`
2, 4	
5	`<body bgcolor=greenyellow>` こんにちは！` `
6	`<font size="6">`第 55 回　青空中　文化祭`</font> ` テーマ　青空中の生徒はこんなことまでできるんです。 －お越しください。日ごろの成果をすべて見せます－` `

7	`<font color=red>`日時：11 月 1 日（金）午前 9 時～午後 3 時`</font>`
	`</body>`
	`</html>`

表 3.10　表 3.9 の HTML に対するエラーと警告（エラーは警告より深刻）

番号	指摘	内容
1	警告	html 要素に lang 属性を追加するといいかもしれない.
2	エラー	文字コードが指定されていない.
3	エラー	文書型宣言がない.
4	エラー	head 要素（その中に title 要素を持つ）がない.
5	エラー	body 要素の bgcolor 属性は廃止された.
6	エラー	font 要素は廃止された.
7	エラー	font 要素は廃止された.（6 と同じ）

3.5.2 HTMLの構文の修正

表3.10のエラーと警告に対応します.

言語の宣言（指摘1）

ページの内容が Japanese(日本語) なので，**html要素**の開始タグを `<html lang="ja">` とします. この **lang属性**は必須ではないので，書き忘れに対する指摘は「エラー」ではなく「警告」です.

文字コードの指定（指摘2）

ページの文字コードを指定します. **UTF-8** を使う場合は，head要素内に `<meta charset="UTF-8" />` と書きます.（文字コードについては12.2節でくわしく説明します.）

文書型宣言（指摘3）

HTML文書の先頭には，次のような**文書型宣言**を書きます.

```
<!DOCTYPE html>
```

タイトル（指摘4）

head要素の中に **title要素**を書きます. その内容は文書のタイトルです.

```
<head>
    <title>第55回 青空中 文化祭</title>
</head>
```

スタイル指定（指摘5, 6, 7）

HTML文書では，構造をHTMLタグで，見た目を**CSS**（通称（つうしょう）**スタイルシート**）で，なるべく分離（ぶんり）して指定することになっていま

す．元の文書にあった見た目の指定は，表3.11に示したプロパティ
と値のペアを，**style属性**として書くことで代えられます．（スタイ
ルの指定方法には他に，スタイル要素を使う方法と，スタイルファ
イルを使う方法があります．）

表 3.11 スタイル指定の例

目的	プロパティ	値
背景色はグリーン・イエロー	`background-color`	`greenyellow`
文字サイズは標準の倍	`font-size`	`200%`
文字色は赤	`color`	`red`

以上によって，先の HTML は次のように修正されます．

span 要素は文字列の一部を選択(せんたく)するための要素です．修正は最
小限に留めています．改行を表す **br 要素**は見た目に関するものな
ので避け，その代わりに段落を表す **p 要素**を使うといいでしょう．

```
<!DOCTYPE html>
<html lang="ja">
<head>
    <meta charset="UTF-8" />
    <title>第 55 回　青空中　文化祭</title>
</head>
<body style="background-color: greenyellow;">
こんにちは！<br>
<span style="font-size: 200%;">第 55 回　青空中　文化祭</span><br>
テーマ　青空中の生徒はこんなことまでできるんです。
－お越しください。日ごろの成果をすべて見せます－<br>
<span style="color: red;">日時：11 月 1 日（金）
午前 9 時～午後 3 時</span>
</body>
</html>
```

3.5.3 HTML の規格

HTML の規格にはいくつかのバージョンがあり，バージョンごとに，使えるタグや属性が変わっています．

たとえば，bgcolor 属性と font 要素は，HTML 4.01（構造の指定と見た目の指定の分離が不十分な古い規格）にはありましたが，この本を書いた時点での最新規格（HTML 5.2）にはありません．そのため，表 3.10 のエラー 5，6，7 が発生したのです．

実は，表 3.9 の HTML 文書は，HTML 4.01 のものと見なせば，構文のまちがいは少しの修正でなくせます．しかし，今あえて HTML 4.01 のような古い規格で HTML 文書を書くべきではないでしょう．（古い HTML 文書が自動的に更新されるわけではないので，ブラウザは古い規格に対応し続けなければなりません．）

ちなみに，**HTML5** という表現は，マークアップ言語としての HTML の特定のバージョンのことではなく，HTML 文書に関わる様々な技術（通信方式，CSS など）の総称として使われることがあります．

4 ライセンス

私たちはまず，良き市民とは，適切なときに協力を惜しまない者
で，他人からうまく物を奪い取る者のことではないというメッ
セージを送らなければならない。[13)]

リチャード・ストールマン（1953–）

他人がウェブで公開した情報をもとにして，何か新しいものを作
り，それをウェブで公開する．こういうことのくり返しによって，文
化が発展します．文化の発展に関わるための準備として，**利用許諾**
（**ライセンス**）についてよく理解しておきましょう．

4.1 ウェブの発展の一因

1989年に誕生したウェブは，この本が書かれるまでの約30年間
で，驚異的な発展を遂げました．その一因として，次のようなこと
が考えられます．

- ウェブの基本技術，つまり URL, HTML, HTTP の規格（p. 4
  の表0.2）はすべて公開され，無料で使えました．
- C言語（プログラミング言語）で書かれた**ウェブサーバ**（ウェ
  ブページを公開するためのソフトウェア）CERN httpd が自由
  に使えました．C言語のソースコードを実行形式に変換するプ

ログラム（**コンパイラ**）も，GCC という自由に使えるものがありました（ソースコードと実行形式については 4.3.2 項を参照）．現在よく使われている Apache HTTP Server や nginx も自由に使えます．

- ウェブの初期に最もよく使われたブラウザ Mosaic は無料でした．（ただし，自由ではありませんでした．英語ではどちらも free ですが，自由と無料は違います．）
- ウェブサーバを動かすためのオペレーティングシステム（**OS**）で，自由に使えるものが普及しつつありました．例として，ウェブと同時期に誕生した **GNU/Linux** が挙げられます．

このように，ウェブが驚異的な発展を遂げた一因として，ウェブに関わる規格やソフトウェアが自由または無料で利用できたことが挙げられます．

これが当たり前のことではないことに注意してください．誰かが作ったものを，別の誰かが自由に使う，つまり，作者に断りなく，無料で使ったり，勝手に改変したり，勝手に再配布したりすることは一般にはできません．

4.2 著 作 権

あなたがウェブで情報を発信するとしましょう．

まず，あなたがそのコンテンツを作成した時点で，あなたはそれについての**著作権**（copyright）を持ちます．あなたが著作権を持っていることを明示したければ，「Copyright © 2020 あなたの名前. All Rights Reserved.」などと書いておいてもかまいませんが，こ

ういうことを書かなくても，著作権はあなたのものです.

　（日本における）著作権の意義は，次に引用する**著作権法**の第一条
に書かれています.

> 第一条　この法律は，著作物並びに実演，レコード，放送及び
> 有線放送に関し著作者の権利及びこれに隣接(りんせつ)する権利を定
> め，これらの文化的所産の公正な利用に留意しつつ，著作
> 者等の権利の保護を図り，もつて文化の発展に寄与(きよ)するこ
> とを目的とする.

　「文化の発展」が大切で，「公正な利用」と「権利の保護」はその
ための手段でしかありません.

4.2.1 権利の保護

　「権利の保護」には期間があり，日本では，著作者の死亡日が
1968 年以降であれば，死後 70 年ということになっています. 1967
年以前に死亡した著作者の著作権はすでに切れています. その著作
物は**パブリックドメイン**，つまり公共のものになります.

　かつては著作権の保護（あるいは制約）期間はもっと短いもので
した. 米国では，最初は 14 年だったこの期間が，ミッキーマウス
がパブリックドメインに入りそうになるたびに，延長されてきまし
た[14]. ディズニーの作品の多くはパブリックドメインにある作品を
もとに作られているにもかかわらず，ディズニーの作品自体がパブ
リックドメインになることはなさそうです. ちなみに，発明に対し
て与(あた)えられる**特許**の存続期間は 20 年です.

4.2.2 公正な利用（引用）

　「公正な利用」として認められていることは，かなり限定的です.

あなたのコンテンツの中で他人の著作物を再利用したい場合,「無断」でできるのは**引用**だけです. ちなみに, ウェブページに「無断引用禁止」と書いて, 引用を禁止することはできません. 引用は無断でできることです.

引用には次のようなルールがあります[15]).

(1)　すでに公表されている著作物であること

(2)　「公正な慣行」に合致すること (例えば, 引用を行う「必然性」があることや, 言語の著作物についてはカギ括弧などにより「引用部分」が明確になっていること.)

(3)　報道, 批評, 研究などの引用の目的上「正当な範囲内」であること (例えば, 引用部分とそれ以外の「主従関係」が明確であることや, 引用される分量が必要最小限度の範囲内であること)

(4)　「出典の明示」が必要 (複製以外はその慣行があるとき)

これらのルールは, あなたが誰かの著作物を引用する場合はもちろん, 誰かがあなたの著作物を引用する場合にもあてはまります.

他人の著作物を引用以外の形で使いたければ, ライセンスを得る必要があります. 誰かがあなたの著作物を引用以外の形で使いたければ, その人はあなたにライセンスを求めることになります.

4.3 ライセンス付きの情報発信

自分の著作物を「引用」の範囲を超えて使ってもらいたいと思うなら, それを公開するときに, そのことを明示しましょう. そのためのライセンスの例として, **クリエイティブコモンズ**や**オープンソースライセンス**が挙げられます. ライセンスが乱立すると大変なので, よほどの理由がない限り, 既存のライセンスの中から自分に

合ったものを選んで使うようにしましょう.

4.3.1 クリエイティブコモンズ

クリエイティブコモンズでは, 表4.1の条件を組み合わせて, 表4.2のようなライセンスを作ります. 表4.2のライセンスは上に行くほどパブリックドメインに近く, CC BY と CC BY-SA は, フリーカルチャー・ライセンスと呼ばれます. **ウィキペディア**で公開され

表4.1 クリエイティブコモンズの条件

アイコン	条件	略称	意味
	表示	BY	作品のクレジット（著作権者）を表示すること.（英語の by から）
	非営利	NC	営利目的での利用をしないこと.（英語の non commercial から）
	改変禁止	ND	元の作品を改変しないこと.（英語の no derivatives から）
	継承	SA	元の作品と同じ組み合わせのクリエイティブコモンズライセンスで公開すること.（英語の share alike から）

表4.2 クリエイティブコモンズのライセンス

ライセンス	略称	画像
表示	CC BY	
表示―継承	CC BY-SA	
表示―非営利	CC BY-NC	
表示―非営利―継承	CC BY-NC-SA	
表示―改変禁止	CC BY-ND	
表示―非営利―改変禁止	CC BY-NC-ND	

ている文章のライセンスは CC BY-SA です.

　ライセンスを作る作業は, [https://creativecommons.org/choose/] で行うのが簡単です (図 4.1).「改変された作品が共有されることを許諾しますか?」と「あなたの作品の商用利用を許しますか?」の質問に答えると, その回答に合ったライセンスができます. 図 4.1 には表示されていませんが, このページで, 作品のタイトルなどのメタ情報を入力すると, 次のような HTML が生成されます[1]. この HTML を埋め込んだウェブページで作品を公開すれば, ライセンス付きで作品を公開したことになるのです.(これがブラウザで表示される様子を p. 60 の図 3.5 に掲載しています.)

図 4.1　クリエイティブコモンズのライセンスを選んでいる様子

---

[1] HTML 規格で定められていない属性が使われており, 3.5 節で紹介した構文チェックではエラーになります.

```
<a rel="license"
  href="http://creativecommons.org/licenses/by-sa/4.0/">
<img alt="クリエイティブ・コモンズ・ライセンス"
    style="border-width:0"
    src="https://i.creativecommons.org/l/by-sa/4.0/88x31.png" />
</a><br />
<a xmlns:cc="http://creativecommons.org/ns#"
  href="https://www.unfindable.net"
  property="cc:attributionName" rel="cc:attributionURL">
Yabuki Taro</a> 作
『<span xmlns:dct="http://purl.org/dc/terms/"
      href="http://purl.org/dc/dcmitype/MovingImage"
      property="dct:title" rel="dct:type">M</span>』
は<a rel="license"
    href="http://creativecommons.org/licenses/by-sa/4.0/"
>クリエイティブ・コモンズ 表示 - 継承 4.0 国際 ライセンス</a
>で提供されています。
```

　一部の検索エンジンは，ウェブにある画像や動画を集める際に，このような HTML を解読して，そのライセンスを確認しています．

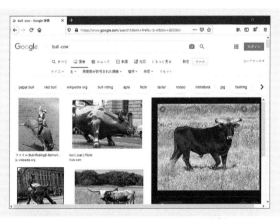

図 4.2　「再利用が許可された画像」という条件で雄牛（bull）を，雌牛（cow）を除外しながら検索している様子

そのため，画像や動画を検索するときに，ライセンスを指定できるようになっています．図4.2はその実例で，この本で使う画像（p. 113で利用）を探している様子の再現です．自由な文化がなければ，筆者は自分で写真を撮りに行ったり，写真を撮影した人からライセンスを取得したりしなければならなかったでしょう．筆者がその手間をかけることで文化の発展が遅れるとまでは言いませんが．

4.3.2 オープンソースライセンス

ソフトウェアの配布には，文章，画像，動画などの配布とは大きく異なる点があります．配布の仕方に，**ソースコード**の公開と**実行形式**（**オブジェクトコード**）のみの配布があることです．クリエイティブコモンズはこういう区別を考慮して作られてはいないので，ソフトウェアの配布には使わない方がいいでしょう．

ソースコードは人間が書いたプログラムの実体で，実行形式はコンピュータがそのまま実行できる命令の集まりです．例として，「hello, world」と表示するソフトウェアの，C言語のソースコードと，それを実行形式に変換した結果を図4.3に掲載します．ソースコードの方が実行形式より理解しやすいことがわかるでしょう．

C言語のソースコード	実行形式のバイト列（約520行）
| ```c
#include <stdio.h>
int main() {
  printf("hello, world\n");
}
``` | ```
464c457f0001010200000000000000
003e0003000000100000530000000000
00000040000000000193000000000
00000000038004000400009001c001d
0000000600000040000004000000000
...
``` |

図 4.3 「hello, world」と表示するプログラム（**バイト列**はコンピュータで処理しやすい数値の並びのこと）

ソースコードの配布と実行形式の配布は，ソフトウェアを使える
かどうかという点では同じなのですが，ソフトウェアを改変でき
るかどうかという点ではかなり違います．ソフトウェアの改変は，
ソースコードがあれば可能ですが，実行形式しかない場合はほとん
ど不可能です．ただし，ソースコードがあってもソフトウェアを使
えない場合があります．たとえば，**ニューラルネットワーク**を用い
る **AI**（人工知能）を使うためには，機械学習の結果のデータが必
要です．機械学習に必要な計算資源（情報処理能力）が膨大な場合，
それを持たない人は，ソースコードがあってもソフトウェアを動か
せません．

　ソースコードをもとにソフトウェアを改変し，改変したものを再
配布できる場合，そのようなソフトウェアを**オープンソースソフト
ウェア**といいます♠2．オープンソースソフトウェアは，オープン
ソースライセンスを付けて配布されます．ただし，オープンソース
ライセンスというのは一般名称で，実際にソフトウェアを公開す
る場合には，具体的なライセンスを選ばなければなりません．

　オープンソースライセンスはたくさんあるのですが，ここでは有
名な二つのライセンス，**GPL**[16]）と **MIT ライセンス**[17]）の違いを
知ることで，オープンソースソフトウェアへの理解を深めましょう．

　GPL と MIT ライセンスの違いは，ソフトウェアを改変して再
配布するときのライセンスにあります．GPL のソフトウェアを
改変して再配布する場合，改変後のソフトウェアのライセンスも

♠2 オープンソースであるためには，使用分野を限定しないこと（例：「軍事利用
禁止」は不可）など，他にも条件があります．詳細は，[https://ja.wikipedia
.org/wiki/オープンソースの定義] を参照してください．

GPL でなければなりません（これは制約というよりは，自由な社会の実現のための手段です）．この考え方を**コピーレフト**といいます．「Copyright—all rights reserved」ではなく，「Copyleft—all rights reversed」というわけです．その一方で，MIT ライセンスのソフトウェアを改変して再配布する場合，改変後のソフトウェアのライセンスは何でもかまいません．改変して再配布する際の考え方において，GPL と MIT ライセンスはそれぞれ，クリエイティブコモンズ（表 4.2）の CC BY-SA と CC BY に似ています．

　ソフトウェアを実行するときには，そのソフトウェアが悪さをしないという，何らかの保証がほしいものです．ソフトウェアのソースコードは，そういう保証の一つになります．ソースコードを読むことで，そのソフトウェアが何をするものなのかを，（製造元以外の誰かが）確認できるからです．ソースコードが公開されないソフトウェア（そういうソフトウェアを**プロプライエタリソフトウェア**といいます）を安心して使うためには，ソースコードに代わる何かが必要なはずです．とはいえ，ソースコードが確実な保証になるというわけでもありません．その理由の一つに，そのソフトウェアを動作させる OS や，その OS を動作させるハードウェアの不正を発見するのがとても難しいことが挙げられます．極端な例として，トンプソンハックという，コンパイラに細工をする方法の存在が挙げられます．トンプソンハックの存在は，UNIX の開発によって 1983 年にチューリング賞を受賞したケン・トンプソン（1943–）の，チューリング賞受賞講演で暴露されました[18]．

5 シェア

有益かどうかは問題ではない．主体性が脅かされていること
が問題なのだ．[19]　　　　　　カル・ニューポート（1982–）

　ソーシャルメディアで情報を公開すると，それを見た別の人が，
その情報を自分の知り合いと共有（**シェア**）してくれるかもしれま
せん．そういうことが何回か続くと，最終的に膨大な数の人がその
情報を見ることになります．情報の拡散です．

5.1 ブログ

　ウェブによって誰でも情報発信ができるようになったと言っても，
第3章で紹介したような方法を実現するためには，図5.1 (a) のよ
うに，HTML 文書を自分で書いて，そのファイルを**ウェブサーバ**
（HTML 文書を公開するためのソフトウェアまたはそれが動作する
コンピュータ）に送信（アップロード）しなければなりません．

　しかし，ウェブアプリケーション（詳細は第9章）によって，
図5.1 (b) のように，必要な情報をブラウザで入力するだけで，情
報発信ができるようになります．このように，ウェブで公開する情
報をブラウザ上で入力して管理するためのシステムを，コンテンツ
管理システム（**CMS**）といいます．

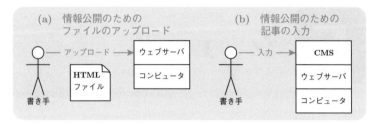

図 5.1 情報公開のために必要な作業

図 5.2 WordPress でブログの記事を書いている様子

　主に CMS を使って公開される，タイトルと本文からなる記事ごとに URL が付き，複数の記事が，書かれた時間順にまとまったものを**ブログ**といいます．図 5.2 は，ブログのためのソフトウェアの一種である WordPress で記事を書いている様子です．

　「ブログ」は，メリアム・ウェブスターの「2004 年の言葉」です．ブログの発展形となるメディア（ソーシャルメディア）を後で紹介しますが，そこでは実現しにくいブログの特質を二つ引用します．

ブログの記事は小さなかけらだが，優れたブログはライターがビジョンを持ってかけらを集めており，そこには確たる根拠がある．単なる切れ端ではなく，Ｔ・Ｓ・エリオットの有名な『荒地』にあるように，「廃墟とならないように集められた」かけらなのだ．[20]

ブログに自分で書いたものをプリントアウトして，何度も書き直しを重ねていくのが自分をきたえるのに有効だと思いますよ．
大江健三郎『作家自身を語る』(新潮社, 2007)

コンピュータ，ウェブサーバ，ブログソフトウェアの準備は誰もができることではありません．そこで，これらを用意した上で，ブログの入力・編集・公開の権限を提供するようなサービスも生まれました．そういうサービスで**アカウント**（第6章）を作れば，誰でもブログを書いて公開できるようになったのです．ただし，ブログサービスを利用することにはリスクもあります．第1に，サービスが終了すると書いた記事がすべてなくなります．第2に，サービス運営元の判断で記事が消されたり非公開にされたりすることがあります．第2の点に関するサービス運営元の権限は，特定電気通信役務提供者の損害賠償責任の制限及び発信者情報の開示に関する法律（**プロバイダ責任制限法**）で保証されています（名誉毀損やプライバシー侵害の訴えが被害者からあった場合）．**言論の自由**を謳歌したいなら，法を変えるか自分のメディアを持ちましょう．この法律は他に，被害者がサービス運営元の情報発信者に関する情報の開示を請求できることも定めています．

良いブログの書き手がいたら，その人の最新記事を常にチェックしたくなります．そういう書き手が30人いたとして，一人ずつチェックするのは面倒です．そういう場合には，**RSSリーダー**を

使います．RSS リーダーに，チェックしたい 30 人のブログを登録して，定期的に各ブログの最新記事を収集するように設定するのです．そうすることで，RSS リーダーを見るだけで，30 人の最新記事を確認できるようになります．ソーシャルメディアのタイムライン（後述）と違って，RSS リーダーには，情報の入手元を自分で管理できるという利点もあります．

5.2 ソーシャルメディア

　同じサービスを使うユーザの記事を読むだけでいいなら，話はもっと簡単になります．サービス内でユーザ同士がつながるしくみと，つながっているユーザ全員が発信した情報を一画面でまとめて表示するしくみがあればいいのです．後者のしくみによって，つながっているユーザが発信した情報は，一応時間順，つまり新しいものが先（画面では上）に表示されることになっています．表示された結果は，**タイムライン**と呼ばれます．

　ユーザ同士がつながってできるネットワークを**ソーシャルネットワーク**，ソーシャルネットワークを作るしくみを備えたサービスをソーシャルネットワーキングサービス（**SNS**）といいます．SNS によって，ウェブ上に，文書のネットワークではなく，人のネットワークができるのです．SNS の全体をメディアとして見るときは，それを**ソーシャルメディア**といいます．初期のウェブと区別して，ソーシャルメディアのあるウェブを，**ウェブ 2.0** ということがあります．

　SNS の例として，**ツイッター**と**フェイスブック**を紹介します．いずれも，マルチメディアで発信できる SNS です．

表 5.1 ツイッターに関する用語

ツイート	発信された個々の情報. **つぶやき**ともいう.
ツイートする	ツイートを発信する.「つぶやく」ともいう.
フォロー	相手のツイートを自分のタイムラインに表示させる.
アンフォロー	フォローをやめる. **リムーブ**ともいう.
ミュート	相手のツイートを非表示にする.
ブロック	相手が自分をフォローしたり, 自分のツイートを見たりできなくする.
フォロワー	そのユーザをフォローしているユーザ.
フォロイー	そのユーザがフォローしているユーザ.
リツイート	(主に他のユーザの) ツイートを, 自分のフォロワーのタイムラインに表示させる.
いいね	ツイートに, ハートマークを付ける.

ツイッター[1] は, 1 回に発信できる文章の文字数が 280 文字(字種によっては 140 字)以下に制限されているという特徴がある SNS です. ツイッターに関する用語を表 5.1 にまとめます.

フェイスブック[2] にはツイッターのような特徴はありません. ツイッターと違って, あなたが誰かとつながりたいと思ったら, そのことを相手に申請しなければなりません. 相手がそれを承認すると, 互いに「友達(**フレンド**)」となります. つながりを絶つこと(**リムーブ**または**アンフレンド**)に, 相手の同意は要りません.

ツイッターとフェイスブックのつながり方の違いを図 5.3 に示します. ツイッターのつながりには向きがありますが, フェイスブックのつながりは向きがありません(常に双方向とも言えます).

---

[1] https://twitter.com
[2] https://www.facebook.com

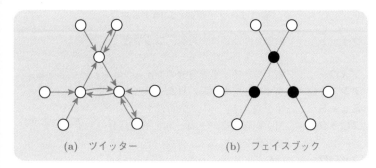

図 5.3　ツイッターとフェイスブックのユーザのつながり方の違い（色の違いについては 5.3.4 項の「多数派の錯覚」を参照）

5.3 ソーシャルメディアについての補足

5.3.1 情報の拡散

　ツイッターには**リツイート**，フェイスブックには**シェア**という機能があります．（主に他のユーザが）発信した情報に対してこの機能を使うと，ツイッターでは自分のフォロワーの，フェイスブックでは自分のフレンドのタイムラインに，その情報が表示されることになっています．

　この機能を活かすと，情報を短時間でたくさんの人に届けられます．図 5.4 に例を示します．A が発信した情報は，A のフォロワーやフレンド（図の実線内の 3 人）のタイムラインに表示されます．そのうちの一人（図の B）がリツイートやシェアをすると，A が発信した情報が，B のフォロワーやフレンド（図の点線内の 15 人）のタイムラインに表示されます．たった 2 回のリツイートやシェアで，A が発信した情報を 18 人が見るのです．このように，リツイー

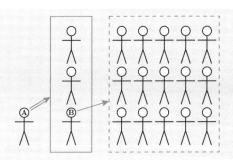

図 5.4 A のツイートがリツイートされていく様子.（実線の長方形内の 3 人は A の，点線の長方形内の 15 人は B のフォロワー）

トやシェアによって，情報が**指数関数**的に拡散していくのです．指数関数的というのは，1 ステップごとに，対象が定数倍になるような変化の仕方のことです．たとえば，1 時間後に 10 人，2 時間後に $10^2 = 100$ 人，3 時間後に $10^3 = 1,000$ 人に届くような拡散の仕方は，指数関数的です．

　情報が拡散したからといって，それが真実を伝えているとは限らないことに注意してください．筆者は必ずしもそうは思いませんが，今が「ポスト真実」の時代だと言う人もいます．この言葉を「2016 年の言葉」に選んだオックスフォード大学出版局によれば，ポスト真実とは "**世論を形成する上で，客観的な事実の影 響 力が，感情や個人的な信念に訴えることの影響力より小さい 状 況**" のことです．情報が事実かどうかは，他の情報と照らし合わせて検証しなければなりません．特に公開情報に基づく検証を **OSINT** といいます．OSINT の例として，2014 年にマレーシア航空の旅客機が撃墜された事件で，撃墜はウクライナの仕業だという，ロシア政

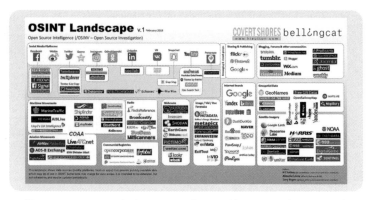

図 5.5　OSINT のためのツール（https://bitly.com/bcat-tools）

府がソーシャルメディアで拡散させた嘘を，エリオット・ヒギンズ
（1979–）がソーシャルメディアを活用して見破ったことが挙げられ
ます[21]．こういう仕事を職業にできる人が増えることを期待しま
す．ヒギンズのウェブサイト，ベリングキャットで解説されている，
OSINT のためのツールの例を図 5.5 に掲載します．

5.3.2　い　い　ね

　いいねは，他のユーザの投稿に対して，自分が好印象を持ったこ
とを伝えるためのしくみです．好印象ではなく，単なるメモや批判
や皮肉の表明のために「いいね」が使われることもあります．あな
たが他のユーザの投稿に対して「いいね」をすると，そのことが相
手に通知されます．リツイートやシェアと異なり，あなたが「いい
ね」をしたからといって，必ずしもその投稿があなたのフォロワー
やフレンドのタイムラインに表示されるわけではありません．

　自分の投稿が他のユーザから「いいね」されて承認欲求（他人から認められたいと思う気持ち）が満たされる経験をすると，たくさん「いいね」されるような投稿をしたくなるかもしれません．「自分は大丈夫」と思うかもしれませんが，脳の報酬系に直接働きかけるような工夫がされているので，抵抗は難しいです．とはいえ，「いいね」を集めようとして自撮り（セルフィー）して事故に遭うような人は別にして，今際の際で「もっといいねを」と思う人はいないでしょうが．

　承認欲求が高まると，注目を浴びるために過激な発言をしたり，危険な行為を撮影してその写真や動画を公開したりしたくなるかもしれません．しかし，そうした投稿に対して，想像以上の批判が殺到し，**炎上**と呼ばれる状態になる危険があります（広告費を稼げるので，ソーシャルメディア事業者にとっては炎上は危険なものではないかもしれませんが）．炎上が原因で職を失うなど，人生を壊されてしまうこともありえます[22]．そういうことにならないように，ウェブでの情報発信に気を付けるのはもちろんなのですが，問題行動を見つけたときに，その行動主に罰を与えようとするのも控えましょう．そういうことは，警察や裁判所の仕事であって，一般市民の仕事ではありません．

5.3.3　ソーシャルメディアのビジネスモデル

　ソーシャルメディアのタイムラインに現れるのは，フォローしている人やフレンドの投稿だけではありません．**広告**も現れます．

　ツイッターやフェイスブックのビジネスは，広告主から料金を取って，ユーザのタイムラインに広告を掲載することで成り立って

います．ユーザがサービスにお金を払っているわけではないので，ソーシャルメディアや検索サービス（2.4.3 項）のユーザは「製品」または「商品」だという意見があります．この本は，経済的な視点を第一にしているわけではないので，これらのサービスを使う人たちのことは，これからもユーザと呼びます．とはいえ，サービスにとってユーザがどういう存在なのか，経済的側面から考察するのは大事なことです．

　ツイッターやフェイスブックにとって，ユーザをよく知ることはとても重要です．ユーザについてよく知っていれば，「年収○○以上の男性だけをターゲットにした広告」といった，ターゲットを絞り込んだ広告（**ターゲティング広告**）が可能になるからです．また，ユーザにそのサービスを長時間利用してもらうことも重要です．長時間利用してもらえれば，それだけたくさんの広告を見せられるからです．

　（1 日ではなく）1 週間に合計で 20 から 40 分程度利用するだけで，そのメリットの大半を享受できるにも関わらず，平均的なユーザは（1 週間でなく）1 日に 35 分をフェイスブックに費やしている（**インスタグラム**や**ワッツアップ**など，フェイスブック傘下の他のソーシャルメディアも含めると 50 分）という報告があります[19]．ソーシャルメディアで時間を浪費しないための良い方法として，スマートフォンからそれらのためのアプリを削除することが挙げられます．SNS でつながる人数が 150 人を超えないようにすることもお勧めです．これは**ダンバー数**，関係を安定して維持できる友人の数の上限と言われる数です．**リムーブ**（関係を絶つこと），**アンフォロー**（フォローをやめること），**アンフレンド**（フレンド関係をやめること）が気まずければ，**ミュート**（発言がタイムラインに現れな

いようにすること）を活用しましょう.

5.3.4 ソーシャルメディアにおける認知のゆがみ

ソーシャルメディアで情報を収集することには，世界について誤った認識を持つようになる危険が伴います. ここでは，そうなるパターンを三つ紹介します.

フェイクニュースの拡散

第1のパターンは，誰かがわざと「**フェイクニュース**」を拡散させることによるものです. この言葉を「2017年の言葉」に選んだコリンズの Collins English Dictionary によれば，フェイクニュースとは "**ニュース報道を装った虚偽の，しばしばセンセーショナルな情報**" のことです.

フェイクニュースを拡散させる理由としてまず考えられるのは，広告収入です. ウェブページの一部を広告スペースにしていると，ページを閲覧する人が増えれば，そこから得られる収入も増えます. ページを閲覧する人を増やすために，意外性のある情報や，過激な情報を掲載するのです. それが事実かどうかは二の次です. 事実より虚偽のニュースの方が早く拡散するという研究結果も報告されています[23].

フェイクニュースを拡散させる理由として次に考えられるのは，**世論操作**です. ソーシャルメディアを対象にした世論操作のためのしくみを表5.2に，世論操作に政府が関わるパターンを表5.3にまとめました. その作業員を集めるのにクラウドソーシング（7.2節）が利用されていたという報告もあります[24].

表5.2　世論操作のためのしくみ[25]

大規模なボット	システムによって自動的に運用される SNS アカウント
トロール	人手によって運用される SNS アカウント
サイボーグ	システムに支援された手動運用

表5.3　世論操作に政府が関わるパターン[25]

政府実行	政府自身もしくは政府の関与(かんよ)する組織が直接ネット世論操作を実行する.
政府指示, 調整	政府が指示, 調整するが直接関与しない.
政府扇動, 支援	ネット利用者の心理を操り, 扇動(せんどう)して世論操作を行う. 四つのパターンの中でもっとも危険.
政府承認, 支援	政府が攻撃(こうげき)相手を名指しすることで, 一般に攻撃すべき相手と認識させて攻撃を助長する.

多数派の錯覚

　第2のパターンは, **多数派の錯覚**によるものです[26]. フェイスブックのユーザのつながりの説明に使った図5.3 (b) (p. 92) は, 多数派の錯覚を説明する簡単な例になっています.

　「黒丸はどのくらいいるか?」と聞かれたら, 全員が「自分の友達の半数以上が黒丸」と答えるでしょう. しかし, 黒丸は全体の1/3しかいないので, 本当は少数派です. これが多数派の錯覚です. たとえば, 白丸がXという思想の持ち主で, 黒丸が反Xの思想の持ち主だとすると, 本当は反Xが少数派なのですが, Xが少数派だと全員が錯覚してしまいます.

フィルターバブルとエコーチェンバー現象

第3のパターンは，フィルターバブルやエコーチェンバー現象によるものです．

ツイッターやフェイスブックはあなたの好みを記憶(きおく)するので，あなたのタイムラインには，あなたが「いいね」した投稿に似た情報が表示されやすくなるでしょう．あなたの好みを記憶したアルゴリズムによって，あなたが自分好みの情報だけに囲まれている状態を，**フィルターバブル**といいます[27]．

ツイッターのフォロイーやフェイスブックのフレンドが，自分と同じような考え方の人だけになってしまうと，自分と同じような意見ばかりがタイムラインに現れるようになります．そういう現象を，**エコーチェンバー現象**といいます[28]．

フィルターバブルもエコーチェンバー現象も，自分の好みの情報が大量に届けられるようになるのだから良いことだと思うかもしれません．たしかに，あなたがその大量の情報を消費するために長い時間ソーシャルメディアを利用するようになることは，ソーシャルメディア事業者にとっては良いことかもしれません．しかし，そのせいで，あなたが世界についての誤った認識を持ってしまう危険があります♠3．ですから，ソーシャルメディアをニュースソースとして利用するのは，ほどほどにしましょう．

受取手の好みに合わせて編集されるのは，テレビ・ラジオ・新聞・雑誌も同じだと思うかもしれません．しかし，マスメディアを通じ

♠3 フィルターバブルやエコーチェンバー現象の危険は実際よりも誇張(こちょう)されているという指摘(してき)もあります[29]．

て得る情報と，ソーシャルメディアを通じて得る情報には大きな違いがあります．何を見せられているかを後で検証できるかどうかです．新聞社が発信する情報は，それを読む人によって変わりません．内容に問題があることに，たとえあなたが気づかなくても，他の誰かが気づくかもしれません．ソーシャルメディアのタイムラインはユーザごとに違います．あなたのタイムラインに問題があっても，そのこと気づけるのはあなただけです．

●練習問題

　第44代アメリカ合衆国大統領バラク・オバマ（1961–）のツイートを引用します．

> "No one is born hating another person because of the color of his skin or his background or his religion..."

　2017年8月16日の時点で，史上最も「いいね」を集めたと言われる[4] このツイートに対して，あなたはどう反応するでしょうか．何らかの原則を作ってから，それに則って答えてください．

①リツイート　②いいね　③何もしない

　子どもは教えられなければ憎悪（ぞうお）は覚えないと考える人が多い．
ジュディス・リッチ・ハリス『子育ての大誤解』（早川書房, 2000）

---

[4] https://twitter.com/Twitter/status/897679617821089793

6 アカウント

その時はすべての人間の行為が，自然とこの法則によって，数学的に分類され，まるで対数表かなんぞのようになって，その数およそ十万八千にのぼり，年鑑の中にも編入される。♠1

地下生活者

　ソーシャルメディアではユーザの識別が，オンラインショッピングではユーザの特定が不可欠です．サービスのユーザは，そのためのアカウントを作ります．この章では，ウェブ上のサービスがユーザとアカウントを結びつけるしくみ，ユーザ側でのアカウント管理についての注意，個人情報についての考え方を紹介します．

6.1 ログイン

　あるウェブページに，ユーザ A と B が 2 回ずつ，図 6.1 の①②③④の順番でアクセスしたとしましょう．このページを配信するウェブサーバは A と B を識別しません．単にページを閲覧させるだけのウェブサーバでは，ユーザを識別する必要はないのです．

　しかし，ソーシャルメディアでは，A と B を識別できなければな

♠1 ドストエフスキー著，米川正夫訳『地下生活者の手記』．この小説は青空文庫 [https://www.aozora.gr.jp/cards/000363/card57393.html] で読めます．

図 6.1 ウェブページに A と B が 2 回ずつアクセスする様子

りません．さらに，オンラインショッピングサイトでは，A が誰なのか，B が誰なのかを特定できなければなりません．A と B を識別するだけでは商品を届けられないからです．ただし，話を簡単にするために，これ以降，識別と特定は区別しません．うまく識別できるようになれば，特定もできるようになるでしょう．

　ユーザを識別するウェブサイトで，ユーザは最初に**アカウント**を作ります（**サインアップ**またはユーザ登録）．アカウントとは，ユーザがそのサービスでできること（権限）をまとめたもののことです．サービスを利用するときにはいつも，**ログイン**（または**サインイン**）によって自分がそのアカウントの持ち主であることを証明します．

6.1.1 パスワード管理

　ログインは通常，ユーザ名とパスワードを使って行われます．パスワードは，ウェブサイトごとに異なるものを使わなければなりません．「小学校のときの担任は？」のような，パスワードを忘れたときのための**秘密の質問**への答えも同様です．そうすれば，どこかのウェブサイトからあなたのユーザ名（メールアドレスなど）とパスワードの組が流出したとしても，別のウェブサイトでそれが悪用されることはありません．

　パスワードの流出への対策として，パスワードのような「知識」
と，キャッシュカードのような「所有物」，指紋や虹彩のような「生
体」を組み合わせる，**多要素認証**という方法があります．これとは
異なり，ログイン時に，スマートフォンなどに送られた秘密のメッ
セージの入力を求める，**二段階認証**もあります．二段階認証にス
マートフォンの電話番号を使うことは，あまり安全でなく，それが
広告に悪用される危険もあるのでお勧めしません．ウェブサイトご
とに異なるパスワードを使うのが原則です．

　ウェブサイトごとに異なるパスワードを使うことにすると，憶え
ておかなければならないパスワードが増えてしまいます．この問題
は，パスワードを管理するソフトウェアを導入することで解決でき
ます♠2．そういうソフトウェアには，複雑なパスワードを自動生成
する機能もあります．ただし，ユーザ名とパスワードをまとめて管
理することには，そのデータを盗まれたときの被害が甚大なものに
なるというリスクがあることに注意してください．

6.1.2 ユーザの識別方法

　ウェブサイトにおけるユーザの識別は，**セッション管理**という技
術によって可能になります．セッション管理の実現手段の一つに
クッキーがあります．クッキーを使ってセッション管理をする方法
を図 6.2 で説明します．ユーザがウェブサーバにアクセスすると，
それが図の①②のような，そのユーザ最初のアクセスなら，ウェブ

♠2 よく使われるものに，KeePass, 1Password などがあります．ブラウザに
パスワード管理機能が備わっていて，その開発元を信頼できるのであれば，そ
れを使ってもいいでしょう．

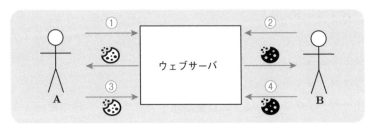

図 6.2　クッキーを使ったセッション管理

サーバはユーザのブラウザにクッキーを渡します．それ以降のアク
セスでは，ブラウザがサーバにクッキーを送信します．ユーザ A と
B が受け取るクッキーは違うので，ウェブサーバはブラウザから送
信されたクッキーによって，A と B を識別できます．

　ユーザを識別するのに使われるクッキーは，多くのユーザが思い
もしないことにも使われます．

　ブログのページに，ソーシャルメディアのボタンが埋め込まれて
いるとしましょう（図 6.3）．このブログのページを開くと，ソー
シャルメディアのボタンの画像を表示するために，ブラウザはソー
シャルメディアのサーバにもアクセスします．このブラウザでソー
シャルメディアにログインしていると，ブラウザにはソーシャルメ
ディアのクッキーが保存されています．その場合，ボタンの画像を
取得するだけのために，ブラウザはソーシャルメディアにクッキー
を送信してしまいます．その結果，自分がそのブログを読んでいる
ことがソーシャルメディアに伝わるのですが，ブログの読者の多く
はそのことを認識していないでしょう．

　このようにしてユーザに関する情報を収集することを，**トラッキ
ング**といいます．クッキーの利用は，トラッキングの一手段です．

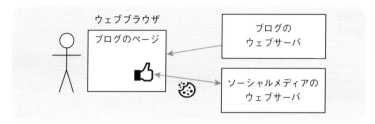

図6.3 ソーシャルメディアと無関係なブログを読んでいることが，ソーシャルメディアの運営元に伝わるしくみ

ブラウザの**プライベートウィンドウ**（または**シークレットウィンドウ**）を使うと，ここで紹介しているトラッキングは回避できます．しかし，ウェブページに共通して埋め込まれる広告スペースのネットワーク（**アドネットワーク**）の活用や，OS やブラウザの設定等の組合せ（**フィンガープリント**）の検出など，ユーザを識別する方法は他にもいろいろあり，それらのすべてを回避するのは難しいでしょう．

　ソーシャルメディアの収益の柱は広告です（5.3.3項を参照）．トラッキングでユーザについての情報が集まれば，そのユーザに対して効果的な広告を配信できるようになるでしょう．そのようにして効果がありそうなユーザだけに配信される広告を，**行動ターゲティング広告**（**追跡型広告**，**リターゲティング広告**）といいます．

6.2 個人情報

　今日のウェブの大部分が広告で成り立っているからといって，ウェブには広告が必要だというわけではありません．「〜である」から「〜であるべき」は導けません（**ヒュームの法則**）．仮に広告が大事だとしても，企業（きぎょう）が私たちの個人情報を好き勝手に利用していいわけではありません．「隠すことがなければ，おそれる必要はない」と言う人は，個人情報の漏洩（ろうえい）によって誰かが不当に差別されることを想像してみてください．

　個人情報は，個人情報の保護に関する法律（**個人情報保護法**）第二条第1項で，次のように定義されています（個人識別符号（ふごう）の定義は割愛）．

　　第二条　この法律において「個人情報」とは，生存する個人に関する情報であって，次の各号のいずれかに該当（がいとう）するものをいう．
　　一　当該（とうがい）情報に含（ふく）まれる氏名，生年月日その他の記述等
　　　（文書，図画若しくは電磁的記録（電磁的方式（電子的方式，磁気的方式その他人の知覚によっては認識することができない方式をいう．次項第二号（ごう）において同じ．）で作られる記録をいう．第十八条第二項において同じ．）に記載され，若しくは記録され，又は音声，動作その他の方法を用いて表された一切の事項（個人識別符号を除く．）をいう．以下同じ．）により特定の個人を識別することができるもの（他の情報と容易に照合することができ，それにより特定の個人を識別することができることとなるものを含む．）
　　二　個人識別符号が含まれるもの

　基本四情報（氏名，性別，住所，生年月日）だけが個人情報というわけではないのです．たとえば，ウェブでの検索履歴（けんさくりれき）や閲覧履歴がユーザ別に集められたものは個人情報です．ちなみに，データベー

スに保存された個人情報を**個人データ**といいますが，この本では，個人情報と個人データを区別しません．

個人情報についての考え方の例として，米国政府による「公正情報取り扱い綱領」(1973 年)♠3 を引用します[30]．

(1) 存在自体が秘密にされた個人データ記録システムがあってはならない．

(2) 個人は，自身に関してどのような情報が記録されていて，それがどのように用いられているかを知る手立てを与えられなくてはならない．

(3) 個人は，同意なしに，自身に関する情報が収集目的以外の目的に利用されたり，提供されたりすることを阻止する手立てを与えられなくてはならない．

(4) 個人は，自身の個人特定可能な情報の記録について，訂正・変更する手立てを与えられなくてはならない．

(5) 個人特定可能な情報を生成し，保管し，利用し，配布する組織は，そのデータが所期の目的で利用されることを保証し，不正利用を防ぐための措置を講じなくてはならない．

(3) のようにユーザが自分の意志で個人情報の利用を拒否することを**オプトアウト**，その逆に自分の意志で個人情報の利用を許可することを**オプトイン**といいます．オプトアウトの一例（ウェブでの行動履歴を使ってグーグルの広告をカスタマイズするかどうかの選択）を図 6.4 に掲載します．

個人情報の第三者提供やそのオプトアウトについては法律の規定があります（個人情報保護法の第 23 条）．しかし，先に紹介した綱領のような考え方の完全な実現にはほど遠いのが現状です．完全な実現のためには，さらなる法的な規制が必要でしょう．

♠3 https://aspe.hhs.gov/report/records-computers-and-rights-citizens

図 6.4 グーグルの広告のカスタマイズの設定ページ
[https://adssettings.google.com/authenticated]

6.3 認証と認可

あるサービスに A というアカウントがあるとします．A の持ち主がそのサービスを利用しようとするときに，その人（ユーザ）が A の持ち主であることを，サービス側が確認することを**認証**といいます．A の権限をそのユーザが使えるようにすることを**認可**といいます．認証と認可の違いを理解するための例を紹介します．

6.3.1 外部認証

認証を他のサービスに任せることがあり，そうやって認証することを**外部認証**といいます．図 6.5 は，RStudio という開発環 境 を クラウド（第 11 章）で提供する RStudio Cloud のログイン画面です．アカウントを作ってから Email（メールアドレス）と Password（パスワード）でログインすることもできますが，新たにアカウント

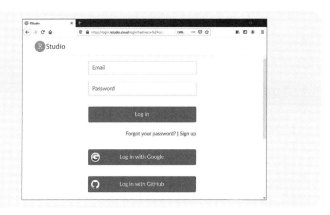

図 6.5 RStudio Cloud のログイン画面（ログイン方法は 3 種類）

を作らずに，Google や GitHub[4]（ソフトウェアのソースコード
を管理・共有する機能を提供するサービス）のアカウントで認証す
ることもできることがわかります．外部認証を利用することの利点
は，管理しなければならないユーザ名とパスワードが減ることと，
サービス間の連携がしやすくなることです．欠点は，ユーザ名とパ
スワードが流出したときの被害が大きくなることです．

6.3.2 OAuth

アカウントの特定の権限だけを第三者に渡す方法があると便利で
す．たとえば，ツイッターのアカウントの「ツイートする権限」を，
サードパーティーつまりツイッター社以外によるサービスやソフト
ウェアに渡すのです．そうすることで，ツイッターのウェブサイト
やアプリ以外の場所（権限を受け取ったソフトウェア）からツイー

---

[4] https://github.com

トできるようになります．このようにアカウントの特定の権限を第
三者に渡すしくみの一つに **OAuth** があります．

　図 6.6 は，OAuth を使って，WolframConnector というソフト
ウェアに，ツイッターで読み書きする権限を与えようとしている様
子です．こういう画面を見たときに，よくわからないままユーザ名
とパスワードを入力してはいけません．まず，ブラウザのアドレス
バーを見て，ユーザ名とパスワードを入力しているのが twitter.com
であること，通信は暗号化されていること（URL の先頭が https）
を確認します．次に，どういう権限を渡そうとしているかを確認し
ます．大丈夫なら，ユーザ名とパスワードを入力し，先に進みます．

　ユーザ名とパスワードをサービスやソフトウェアに登録しておけ
ばいいと思うかもしれませんが，そういうことをすると，自分のア
カウントを乗っ取られてしまう危険があります．パスワードを変え
たら，それを登録し直さなければならないのも面倒です．OAuth を
使うとアプリに権限だけを与えられます．権限を取り返すのは簡単
ですし，パスワードを変えたときに権限を与え直す必要もありませ
ん．取り消すときに使う管理画面（ツイッターの場合）を図 6.7 に
掲載します．こういう画面を定期的に確認し，「知らないサービス
やソフトウェアに権限を与えていた」ということがないようにしま
しょう．

図 6.6 サードパーティーのソフトウェアにツイッターで読み書きをする
権限を与えようとしている様子

図 6.7 ツイッターの管理画面でサードパーティーのサービスやソフト
ウェアを確認している様子（WolframConnector, TweetDeck,
Nintendo Switch Share, IFTTT に権限を与えていることがわ
かる.）

7 クラウド (crowd) 群衆

> ウィキペディアはただ単純に知識の産物というだけではない.
> それは人々が知識を共有し提示してきたプロセスの記録でもあるのだ.[31)]
> ダナ・ボイド (1977–)

　個人ではとてもできないようなことが，ウェブで協力者を募ることで，実現できるかもしれません．代表的な例は，ウェブ上の百科事典であるウィキペディアです．ただし，こういう試みがうまく行くためには，そのための場をきちんと設計し，管理する必要があります.

7.1 群衆の知恵

　図 7.1 (a) のようなビンの中に，ジェリービーンズはいくつ入っているでしょうか．図 7.1 (b) のような雄牛の重さはどれくらいでしょうか[♠1]．このような問題を**クラウド (crowd)** 群衆に尋ねて，回答の平均を計算します．そうして得られる平均値は，正解にかなり近く，ジェリービーンズの数を推定する問題では，正解 850 粒に対して予測の平均値は 871 粒，雄牛の体重を推定する問題では，正

[♠1] 図 7.1 (b) の出典は https://commons.wikimedia.org/wiki/File:Taurus_bull_MBD.jpg by Magret Bunzel-Drüke [CC BY-SA 3.0 (https://creativecommons.org/licenses/by-sa/3.0)], via Wikimedia Commons.

(a) ジェリービーンズの数は？   (b) 雄牛の体重は？

図 7.1 「みんなの意見」が案外正しくなる例

解 1,198 ポンドに対して予測の平均値は 1,197 ポンドだったそうです[32].（図 7.1 の画像は実際に使われたものではありません.）

このような, 必ずしも専門家ではない群衆の, 専門家を超えるような能力を, **群衆の知恵**といいます.（後述の**集合知**と区別して, 表7.1 が満たされる場合だけを「群衆の知恵」と呼ぶことがあります.）

ここで例に挙げたような単純な問題ではなく, 複雑な問題も群衆の知恵で解けるかもしれないと考えるのは自然なことです. その際, 集団の意見を集約するのに, ウェブを活用しようとするのも自然なことです. ウェブを使えば, 集団のメンバーの地理的な隔たりは, ほとんど関係なくなるからです.（地理的に離れたメンバーの集団で何かを作ろうとする試みは, ウェブのない時代にもありました. 有名な例としては, 協力者から寄せられた情報を取り入れて作れらた, 1888 年刊行開始のオックスフォード英語辞典（Oxford English Dictionary, OED）が挙げられます.）

7.1.1 群衆の知恵が働く条件

　ソーシャルメディア上では，群衆の知恵はおそらくうまく働きません．図 7.1 (a) のゼリービーンズの数を推測しようとすると，次のような悲惨な結果になるかもしれません．

> ソーシャルメディアのニュースフィードに投稿された写真でしかこのゼリービーンズの瓶を見られないとしたらどうだろう．同じ意見をもつ者のグループが形成され，異なる意見をもつグループとの間で嘲笑し合うようになるだろう．ロシアの諜報機関は，同じ瓶に異なる数のゼリービーンズを入れた写真を紛れ込ますだろう．ゼリービーンズを売りたい人々は，トロールを刺激してゼリービーンズが足りないからもっと買わなくてはいけない，と言わせるだろう．そんなことが次々と起こる．もはやゼリービーンズの数を当てることはできない．多様性がもつ力が奪われてしまうからだ．[33]

　こういうことにならないためには，どうしたらいいでしょうか．
　群衆の知恵が賢い判断を下すためには，表 7.1 のような条件が満たされることが必要だと言われています．群衆の知恵を活用しようとするときは，これらの条件を満たせるかどうかをよく検討しましょう．

7.2 クラウド（crowd）の活用事例

　群衆の活用事例を紹介します．

ページランク　多様な考えを持つ人々が，自分の興味に基づいて作るページから，自分で考えて他のページにリンクを張ります．そういうリンクを集約して計算されるのがページランクです（2.3 節）．

表7.1 群衆の知恵が働く条件[32]

多様性	それが既知の事実のかなり突拍子もない解釈だとしても，各人が独自の私的情報を多少なりとも持っている．
独立性	他者の考えに左右されない．
分散性	身近な情報に特化し，それを利用できる．
集約性	個々人の判断を集計して集団として一つの判断に集約するメカニズムの存在．

オープンストリートマップ（OSM） 自由な地図を作るプロジェクトです[♠2]．地図といえばグーグルマップが最も有名ですが，私たちの生活に不可欠である地図の選択肢が，一営利企業のものしかなくなるのは危険です．実際，Googleマップの2018年の料金改訂は，多くのユーザを「グーグルマップ難民」にする劇的なものでした．そういう危険を避けるための，自由な選択肢の筆頭にあるのがOSMです．

青空文庫 著作権の消滅した文学作品をデジタル化して公開するプロジェクトです[♠3]．**プロジェクト・グーテンベルク**[♠4] も，主に英語の作品に対して同じような試みをしています．

クラウドファンディング ウェブで資金を集めるしくみです（特定のプロジェクトではありません）．クラウドファンディングという名前は，クラウド（crowd, 群衆）とファンディング（funding, 資金調達）を組み合わせた造語です．基礎研究，教育，医療などのための公的予算を減らして，減った分を現場主

[♠2] https://www.openstreetmap.org
[♠3] https://www.aozora.gr.jp
[♠4] https://www.gutenberg.org

導のクラウドファンディングで補わせるという,「チャレンジ
ングな試み」もあるようです.

クラウドソーシング　ウェブで群衆に仕事を依頼するしくみです
（特定のプロジェクトではありません）. クラウドソーシングと
いう名前は, クラウド（crowd, 群衆）とソーシング（sourcing,
業務委託）を組み合わせた造語です.

　この中で, 群衆の知恵が働いている, つまり表7.1の条件が満た
されていると思われるのは, ページランクだけです. 他の事例の成
功には, 表7.1とは異なる条件が必要です.

7.2.1 集合知—ウィキペディア

　表7.1とは異なる条件で群衆を活用した, 最も有名な成功事例は
ウィキペディアでしょう.

　ウィキペディアは「誰でも編集できる百科事典」として, 2001年
1月に誕生しました. 2020年1月の時点で, 英語版は約600万件,
日本語版は約118万件という, 膨大な記事数を誇る百科事典になっ
ています.

　ウィキペディアはある日突然成功したわけではありません. 2000
年にはウィキペディアの前身であるヌーペディアという試みがあり
ました. ヌーペディアでは, **査読**（専門家によるチェック）を経て
から記事を公開することにしていたためか, プロジェクトはまった
く進まず, 最終的に公開された記事はたったの27本でした. それ
を反省したのでしょう, ウィキペディアでは記事の査読はしないこ
とになっています.

　ウィキペディアには, 他にも様々な工夫が取り入れられています.

『ウィキペディア・レボリューション』[34]を参考に，その一部を紹介します.

- 記事を書くときに守るべきルールが明文化され，それ自体が記事になっている.（三大方針「検証可能性」,「中立的な観点」,「独自研究は載せない」から読み始めるといいでしょう.）
- ウィキペディアの文章のライセンスはCC BY-SAである（p. 81の表4.2を参照. ただし，画像など，文章以外のもののライセンスは個別に確認する必要がある）.
- 記事の編集履歴はすべて保存されており，「履歴表示」をクリックして閲覧できる.
- 記事とは別に，記事の内容について議論する場「ノート」が設けられている.
- Wiki記法という単純なマークアップ言語が採用されている（WYSIWYG[♠5]での編集も可）.
- 記事の差しもどし（前の版にもどすこと）を24時間に3回行うことはできない.
- 記事を新たに作るのは簡単だが，削除するためには申請が必要になっている.

「編集履歴」と「ノート」は，群衆を活用するための工夫として挙げましたが，別の見方もできます. これらによってウィキペディアは，記事の変化がすべて外部から見えるという，透明性を獲得しているのです. これに匹敵する透明性は，ブリタニカのような紙の百

♠5 What You See Is What You Get（見たままが得られる），ワープロのようなユーザインタフェースのことです.

科事典はもちろん，グーグルの検<ruby>索<rt>けんさく</rt></ruby>エンジンも持てないでしょう．

　「編集はご自由に」といって**ウィキ**（その場で編集できるウェブページの一種．「ウィキ＝ウィキペディア」ではない）を用意したら，後は何の工夫もなしに今の形まで発展してきたというわけではないのです．ウィキペディアは，注意深く設計された議論の場での合意の積み重ねでできています．このようなしくみで発揮される群衆の能力を**集合知**と呼びます．

　集合知の活用方法は，作るものによって変わります．たとえば，ウィキペディアを実現するためのソフトウェアである MediaWiki はオープンソースソフトウェア（4.3.2項）で，群衆によって作られていますが，ウィキペディアのように，そのソースコードを誰でも簡単に書き<ruby>換<rt>か</rt></ruby>えられる，というわけにはいきません（ソフトウェア開発のあり方については『ノウアスフィアの開<ruby>墾<rt>かいこん</rt></ruby>』[35]）を参照）．

　百科事典に求められるもののすべてをウィキペディアが実現したわけではありません．ウィキペディアの記事は膨大なので，「人類の知識を個人が把<ruby>握<rt>はあく</rt></ruby>できるサイズに要約する」ということはできていません．最も有名な百科事典の一つであるブリタニカ百科事典の初版は全3巻，2016年版でも全30巻なので，一応，一人で全部読むことができます．実際，ブリタニカを読破したと言われる有名人に，ジョージ・バーナード・ショー，リチャード・ファインマン，オルダス・ハクスリーがいます[36]）．それに対して，2019年11月の時点で全記事を印刷すると2,618巻になると言われている英語版ウィキペディア♠6 を一人で全部読むのはおそらく不可能でしょう．ブリタニ

♠6 https://en.wikipedia.org/wiki/Wikipedia:Size_in_volumes

カのような個人が読破できるサイズの百科事典を作るのと，ウィキペディアのような膨大な百科事典を作るのは，かなり性質の異なる作業です．ブリタニカのサイズの百科事典を群衆で作ろうとしても，おそらくうまく行きません．たとえば，p. 18 の図 1.3 の記事をウィキペディアに入れるべきかどうかの議論はしない方がいいでしょう．

　群衆の創造性や革新性については，さらに懐疑的な見方もあります．引用して紹介します．

> 一九八〇年代にこう主張したらどう思われただろうか—「二五年後，デジタル革命は大きく進み，コンピュータチップは何百万倍も高速になる．そして人類は，ついに，新しい百科事典と新しいユニックスを書けるようになるという偉業を達成する」．あまりにお粗末な成果だと言われるのがオチだろう．[37]

7.3 ウェブは信頼できない？

　教育の現場では，「ウェブ，特にウィキペディアの情報を信頼してはいけない」ということが言われるようなので，このことについてコメントしておきます[♠7]．

7.3.1 ウェブの情報は簡単に書き換えられる？

　「ウェブの情報は簡単に書き換えられてしまうから，ある人が何かの判断の根拠にしたものを，別の人が後で確認できない」と言われます．しかし，この問題は解決できます．一般のウェブページの場合は，ページそのものではなく，勝手に書き換えられない

[♠7] ウェブの問題点の例は，『先生のための百科事典ノート』[38] を参考に作りました．

インターネットアーカイブ（11.2 節）を経由して参照するように
すればいいでしょう（インターネットアーカイブに収録されるこ
とを拒否するウェブページについては，参考にする価値があるか
どうかを再検討しましょう）．自分で書くウェブページなら，デ
ジタル署名（8.3.2 項）を付けて，改変していないことをアピール
できます．ウィキペディアのページは，変更履歴がすべて残って
いるので，「履歴表示」をクリックして日時を選んで引用しましょ
う．たとえば，「ブラックホール」の 2019 年 12 月 25 日の記事は，
[https://ja.wikipedia.org/w/index.php?title=ブラックホール&
oldid=75488737] です．

　極端に言えば，ウェブの情報は書き換えられてしまうことへの
対策がとりやすいのですが，本の情報は書き換えられてしまうこと
への対策が難しいのです．本は，最初に複数部印刷され，それがな
くなると増刷，つまり追加で印刷されます．増刷の際に細かい修正
が入ることが多いのですが，どこがどう変わったかが発表されるこ
とはまずありません．改訂も同じことです．

　増刷時や改訂時にどのような議論が行われたのかを一つずつ確認
するのは，紙の本ではとても難しいです．しかし，ウィキペディア
なら「ノート」にそれが書かれています．記事と同様，ノートの変
更履歴もすべて残っています．ものによっては，ノートの方が記事
自体より良い資料になっているかもしれません．

7.3.2 ウェブの情報は "ウラ" がとれない？

　「ウェブの情報は "ウラ" がとれないから，報告書では使えない」
と言われます．"ウラ" をとるというのは，証拠を確認するというこ

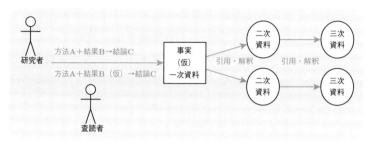

図 7.2 科学的事実の扱われ方

とです.「裏付けを取る」ともいいます.

裏付けを取るのは，どんなメディアの情報でも難しいです．このことを説明する前提となる，科学的事実の扱われ方を図 7.2 にまとめました．研究者が，A という方法を使って，B という結果を得て，C という結論を下したとしましょう．C が事実の候補，「事実（仮）」になります.

「事実（仮）」を発表したものが**一次資料**になります．ただし，「事実（仮）」が本当に真実だという確信はあまり強くありません．確信を強くするために，**査読**という作業が行われます．その分野の専門家が，「A という方法を使って，仮に B という結果を得たとして，C という結論を下すこと」が科学的かどうかをチェックするのです．ここで大切なのは，査読者は，研究者のやったことを再現して，同じ結果が出ることを確認する「再現実験」をするわけではないことです．再現実験はできるに越したことはありませんが，査読者の義務ではありません．簡単に言えば，査読は，やり方が正しいことを確認するためのものであり，結果が正しいことを確認するためのものではありません.

　ウィキペディアの記事は，出典が一次資料のみという状態を避け，一次資料を引用・解釈してできる**二次資料**をもとに書くことになっています．つまり，ウィキペディアの記事はすべて**三次資料**だと考えられます．ですから，ウィキペディアの記事の中には，その記事を書くために使われた二次資料が，「出典」として掲載されているはずです．出典がない場合は，「要出典」と書いて出典を要求するしくみが用意されています（「出典を明記する」という記事を参照）．

　「裏付けを取る」が「一次資料まで行き着く」という意味なら，ウェブでも本でも，確認すべきことは同じです．それが一次資料ならそれで終わりです．それが一次資料でないなら，出典として掲載されているはずの資料をたどってください．「出典が 2 件以上必要」だと言われることがあるかもしれませんが，科学の世界では同じ成果は発表できないので，「方法，結果，結論」の組が同じ一次資料は 1 件しかないはずです．それ以外は二次資料，三次資料，…になりますが，そういうものの数が増えても裏付けにはなりません．科学は多数決ではないのです．（ただし，二次，三次資料が多いことは，事実についての解釈を知るのには有効です．）

　「裏付けを取る」が「証拠を示す」という意味なら，それはとても大変なことです．図 7.2 の研究者のやったことを再現すれば証拠が得られるかもしれませんが，「調べてまとめたことを発表する」ような場面でそこまでやるのは現実的ではないでしょう．目標が一次資料，二次資料，三次資料のどれを作ることなのかによって，やるべきことはかなり違うはずです．

　ちなみに，出版社や著者の名前があることは，何の裏付けにもなりません．「内容にまちがいがあったら責任を取ってもらえる」と

思う人がいるかもしれませんが，責任は科学的事実とは無関係です．
科学的事実というものは，「まちがっていたら責任を取る」という人
がいるかどうかで変わるようなものではありません．「Wikipedia:
免責事項」[8] には，「本サイトは，あなたに対して何も保証しませ
ん」と書かれていますが，これを読んでがっかりすることはありま
せん．こういうことは書いてあるだけマシというものです．

7.3.3 調べて発表するときの原則

　「ウィキペディアは良い資料だ」という筆者（矢吹）のような人も
いれば，「ウィキペディアは信頼できない」という人もいるので，子
供は混乱するかもしれません．そういう場合のために，調べて発表
するときの原則を提案したいと思います．それは，「いざとなった
ら自分で確かめられることだけを発表する」ということです[9]．

　この原則を守るために，調べる段階で，以下のことを確認しま
しょう．

- 一次資料がどこにあるかがわかる．
- 一次資料は，（がんばって読めば）理解できるものである．
- 一次資料が出てくるまでのやり方は正しい．つまり，図 7.2 の
  「方法 A ＋ 結果 B（仮）→ 結論 C」が正しいことが納得できる．
  （確かめようとしたときに初めて「やり方のまちがいに気づく」
  のはお粗末です．）

---

[8] https://ja.wikipedia.org/wiki/Wikipedia:免責事項
[9] 2.4.1 項で述べたように，この原則を守れていないところがこの本にあるこ
とは申し訳なく思います．

　以上のことを確認できるなら，本でもウェブでも，それを参考にしてまとめたものを発表してかまいません．内容をそのまま使う場合，引用（4.2.2 項）なら著作権者の許可は不要です．「ウェブの情報は，（誰が書いたかわからないなどの理由で）許可がもらえないから使えない」というのはまちがいです．ウィキペディアの文章のライセンスは CC BY-SA（p. 81 の表 4.2 を参照）なので，もっと自由に使うことさえできます．

7.3.4 *ウィキリテラシー*

　調べて発表するときは，ウィキを使ってみましょう．子供にウィキを使わせるためにはまず，ウィキを用意しなければなりません．ウィキペディアと同じウィキを使いたければ，図 11.1（p. 158）の PaaS や IaaS を用意して，MediaWiki をインストールすればいいのですが，そういうことにくわしい人（子供も可）がいない現場に任せるのは難しいでしょう．公的なサポートがあってもいいと思います．

　具体的には，次のような段階を踏むことになります．

(1)　個人またはグループで，調べた結果をウィキにまとめる．

(2)　（教室内で）ウィキを公開し，調べた子供以外の子供達に編集させる．

　対象が子供に限定されているだけで，やることはウィキペディアと同じです．こういう体験を通じて，ウィキペディアとの向き合い方を知り，**ウィキリテラシー**[39]，つまりウィキに能動的に関わる能力を身に付けてほしいものです．

8 暗　　　号

> プライバシーは，安全なときにだけ許される贅沢品ではない.
> つねに守られるべきものだ. それは，自由と自立，そして人間
> としての尊厳を守るために欠かせない. 恐怖に駆られて安全を
> 確保しようとするあまり，それを譲り渡してはならない. むし
> ろ，真の安全を確保するためには，それを維持し，守る必要が
> ある.[30]
> 　　　　　　　　　　　　　　　ブルース・シュナイアー（1963–）

　公開鍵暗号を使うと，インターネット上での事後否認・改ざん・
なりすまし・盗聴を防げます. これによりウェブは，単なるハイ
パーメディアではない，オンラインショッピングのような**電子商取
引**（ $\stackrel{\text{イー}}{\text{e}}$ コマース）など，様々な活動のできる場所になります.

8.1　事後否認・改ざん・なりすまし・盗聴

　コミュニケーションで起こり得る，表 8.1 のような問題を考えま
す. ここでは，紙の文書によるコミュニケーション（通信）を例に
説明します.

　事後否認とは，何かを約束した後で，「そんな約束はしていない」
と言われてしまうことです. この問題は，約束したことを文書に書
くことで解決します. 同じ文書を複数作り，関係者全員がそれを手
元に置くのです.

表 8.1　コミュニケーションで起こり得る問題

事後否認	約束したことを後で否定されてしまう.
改ざん	文書を書き換えられてしまう.
日時の改ざん	文書の日時を書き換えられてしまう.
なりすまし	誰かが別の誰かになりすまして通信をしていることに, 相手が気づかない.
盗聴	通信の内容を第三者が知る.

　改ざんとは, 約束を書いた文書が, 後で書き換えられてしまうことです. この問題は, 文書にハンコを押したりサインしたりすることで解決します. 後で文書を書き換えたら, そのことに責任を持つ人が, 書き換えたところに訂正印を押します. 書き換えられているにもかかわらず訂正印が押されていない文書は無効になります.

　日時の改ざんとは, 約束をした日時が, 後で変えられてしまうことです. 文書の改ざんと同じで, この問題もハンコやサインで防ぎます. 文書に日時を書いておくのです. 相手が遠くにいる場合は**内容証明郵便**というしくみを使います. 手紙の内容と出した日付が郵便局によって保証されます. さらに**配達証明**を差出人に届けるようにすれば, 差し出した日付, 差出人, 受け取った日付, 受取人, 内容が保証されることになります. ただし, 「内容の保証」というのは, 内容の正しさの保証ではなく, 内容を原本と比べられることの保証です.

　なりすましとは, 他人の振りをしてコミュニケーションをすることです. この問題は, 相手を確認することで解決します. 手紙の場合, 受取人を確認するためには**本人限定受取**というしくみを使います. 本人限定受取の手紙を受け取るときに, 受取人は, 自動車運転

免許証などの本人確認書類を提示しなければなりません．差出人を確認するのは難しいでしょう．音声による通信の相手の確認も難しく，そのことを悪用した詐欺，**振り込め詐欺**が有名です．現時点ではテレビ電話で相手を確認できますが，**ディープフェイク**という **AI**（人工知能）を使ってにせの動画を作る方法が普及すれば，それも難しくなるでしょう．

　コミュニケーションの内容を第三者が知ることを**盗聴**といいます．盗み聞く場合だけでなく，盗み読む場合にも「盗聴」という単語が使われます．

　ハガキの内容を第三者が読めるのは当事者もわかっていることでしょう．封書が第三者に読まれることはふつうは考えませんが，配達する人が開封して読むことは可能です．電話を盗聴するための技術もあり，国家はそれを保持しています．ただし，国家が行う場合は盗聴ではなく「傍受」といい，傍受には裁判官が出す令状が必要なことになっています．政治家が「誰もみなさんの電話を聞いてはいません」と言うときの「聞く」に，録音を文字に起こして分析した結果を読むことが含まれるのかどうかはよくわかりません[30])．

　事後否認や改ざんを防止するために使うハンコですが，ハンコがその人のものであることを証明するためには，ハンコを自治体に登録し，印鑑登録証明書（**印鑑証明**）を発行してもらわなければなりません．コミュニケーションの信頼性の確立には，第三者（この場合は自治体）が必要です．

8.2 暗号の基本

インターネット上のコミュニケーションでも，前節で紹介した問題は起こります．そうした問題は，公開鍵暗号というしくみを使って解決します．この節では，公開鍵暗号について学ぶための準備として，暗号についての基本的な考え方や用語を確認します．説明のための例として，**シーザー暗号**を使います．ジュリアス・シーザー（紀元前 100 頃–紀元前 44）が使っていたと言われる暗号です．

アリスがボブにメッセージを送ることを考えます．ただし，イブが途中で盗聴しようとしているので，メッセージを暗号化しなければなりません[1]．

アリスとボブは事前に相談して，①シーザー暗号を使うこと，②鍵は「+13」であることを決めておきます．

通信は次のように行われます（図 8.1）．

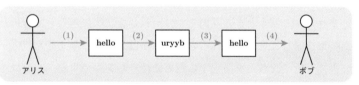

図 8.1 シーザー暗号（+13 文字ずらす）を使って，アリスがボブにメッセージを送っている様子

(1)　アリスが平文のメッセージ「hello」を用意する．（暗号化前のメッセージを**平文**という．）

---

[1] 暗号の話をするときは，通信をしようとする人をアリスとボブ，盗聴しようとする人をイブと呼ぶことが多いです．

(2)　メッセージの文字を，鍵，つまり +13 だけずらす．（アルファベット順で「h」を +13 ずらすと「u」，「e」を +13 ずらすと「r」になる．以下同様．アルファベットの終わりになったら最初にもどる．）

(3)　途中でイブが盗み読むメッセージは「uryyb」．鍵がないため解読はできない．

(4)　ボブは受け取ったメッセージ「uryyb」の文字を，鍵の逆，つまり「−13」だけずらして復号する♠2.（暗号文を平文にもどすことを**復号**という．）

メッセージが長くなると文字の頻度を調べることで簡単に解読できるので，シーザー暗号は実用的ではありません．しかし，暗号の基本を学ぶにはこれで十分です．大事なことは，暗号化のアルゴリズム（方法）と鍵，ここでの例では「シーザー暗号」と「+13」，を決めてコミュニケーションを行うということです．このように，送信者と受信者で同等の鍵を使う方法を，**共通鍵暗号**といいます．

　実用的にするために，もっと複雑なアルゴリズムを導入するのは簡単です．しかし，「事前に相談」して鍵を共有するのは難しいでしょう．直接会えるならいいのですが，そうでない場合に通信で伝えようとすると，暗号化が必要になります．暗号化のための鍵を渡すのに暗号化が必要になるのでは，話が進みません．

♠2 アルファベットは 26 文字なので，「−13」でなく「+13」ずらして復号することもできます．**WolframAlpha** [https://www.wolframalpha.com] で「`rot13 hello`」などとして暗号化と復号ができます（鍵が「+13」の場合のみ）．

8.3 公開鍵暗号

8.1 節で述べたのと同じような問題が，インターネット上のコミュニケーションでも起こります．しかし，**公開鍵暗号**という方法でほとんど解決できます．手紙（紙の文書）の場合の解決が人間（郵便局や自治体）に頼ったものだったのに対して，インターネットの場合の解決が頼るのは数学です．「数学が何の役に立つのか」と思ったり聞かれたりしたときに，インターネット上の通信の秘密のことを思い出すといいかもしれません（役に立つことを学ぶ理由にするとして）．ただし，印鑑証明のような，第三者に頼る部分は残ります．

8.3.1 盗聴への対策

インターネットでのコミュニケーションは，「ハガキ」だけを使って行うコミュニケーションにたとえられます．インターネットは，たくさんのコンピュータによって作られるネットワークです．図 1.5 (p. 23) に示したように，インターネットの通信では，送信者と受信者の間に，複数のコンピュータがあります．暗号化をしなければ，通信の内容は，間にあるすべてのコンピュータで読めます．

「ハガキ」だけを使うコミュニケーションで，シーザー暗号は使えません．鍵を共有できないからです．この問題を解決する方法の一つが公開鍵暗号です．

公開鍵暗号の一種である **RSA 暗号**は，Rivest (1947–)，Shamir (1952–)，Adleman (1945–) によって 1977 年に発明されました．暗号の名前はこの 3 人の頭文字です．3 人はこの功績により，2002 年にチューリング賞を受賞しました．

　インターネットでは，RSA 暗号以外の暗号も使われています．その一つが**Diffie-Hellman 鍵交換**という方法（を改良したもの）で[40]，これを発明したディフィー（1944–）とヘルマン（1945–）は，2015 年にチューリング賞を受賞しました．

　RSA 暗号の解読の難しさは，整数の約数を見つけることの難しさによるものです．たとえば，紙と鉛筆で 1299709 × 2750159 を計算するのは簡単ですが，3574406403731 の約数を見つけるのは難しいでしょう．大ざっぱに言うと，1299709 と 2750159 と合わせて秘密鍵とし，3574406403731 を公開鍵とすればいいのです（詳細は『暗号技術入門』[40] を参照）．

　実は，**量子コンピュータ**[41] を使えば約数を簡単に見つけられることが，ピーター・ショア（1959–）によって証明されています（古典的なコンピュータ，つまり今日私たちが使っているコンピュータでも，約数を見つけるのが本当に難しいかどうかはわかっていません）．RSA 暗号が安全なのは量子コンピュータが実現するまでの間です．その実現後にも解読されては困るようなものを，RSA 暗号で暗号化するのはやめた方がいいでしょう．量子コンピュータでも解読できない暗号（量子暗号）の研究も進められています．

　公開鍵暗号でメッセージを暗号化し，復号する方法を図 8.2 に示します．シーザー暗号では暗号化の鍵と復号の鍵は同等（図 8.1 では「+13」と「−13」）でしたが，公開鍵暗号では別です．暗号化のための鍵を**公開鍵**，復号のための鍵を**秘密鍵**といいます．これらは，一対のものとして作りますが，名前の通り，公開鍵は公開し，秘密鍵は秘密にします．秘密鍵が秘密になっていることが重要です．秘密鍵が盗まれたり，秘密鍵を保存しているコンピュータが第三者に

図 8.2　公開鍵暗号を使った暗号化と復号

操作されたりすると，安全性は崩壊(ほうかい)します．

　アリスからボブにメッセージを送る手順は次のようになります．

(1)　ボブが公開鍵と秘密鍵を作る．

(2)　ボブが公開鍵を公開する．

(3)　アリスがボブの公開鍵を手に入れる．

(4)　アリスがボブの公開鍵を使ってメッセージを暗号化し，ボブ
　　　に送る．

(5)　ボブがメッセージを受け取り，秘密鍵を使って復号する．

　これで盗聴の危険はなくなります．通信をイブが盗聴しようとしても，手に入るのはボブの公開鍵と暗号化されたメッセージだけです．秘密鍵がないので，メッセージを復号することはできません．

　アリスがボブの公開鍵を手に入れるときに鍵がすり替(か)えられると台無しです．この問題は，後で紹介するデジタル証明書を使って解決されます．

8.3.2 デジタル署名

　RSA 暗号には，秘密鍵で「暗号化」し，公開鍵で「復号」できるという性質があります（図 8.3）．

　図の方法でできる「暗号文」は，公開されている鍵（公開鍵）で復号できるので，暗号としては役に立ちませんが，メッセージをア

図 8.3　RSA 暗号の特徴の一つ：秘密鍵で「暗号化」し，公開鍵で復号することもできる．

リスが書いたことの証拠にはなります．「暗号文」をアリスの公開鍵で復号できるということは，この「暗号文」を作るのにアリスの秘密鍵が使われたことを示しているからです．アリスの秘密鍵を持っているのはアリスだけなので，元のメッセージを書いたのはアリスだということになるのです．

　このような「暗号文」を**デジタル署名**といいます．デジタル署名によって，8.1 節で述べた事後否認と改ざんの問題が解決されます．

　約束した後で「そんな約束はしていない」と言われてしまうのが事後否認でした．しかし，デジタル署名があれば，約束の文書を誰が書いたのかがわかります．

　約束を書いた文書が後で書き換えられてしまうのが改ざんでした．メッセージをもとにアリスがデジタル署名を作り，そのデジタル署名をもとにボブがデジタル署名を作れば，改ざんを防げます．メッセージが有効であるためには，アリスとボブの両方のデジタル署名が必要ですが，メッセージを改ざんすると，どちらか（または両方）の署名が無効になってしまうからです．

　実はデジタル署名は，メッセージ自体から作るととても大きくなってしまうため，メッセージの**ハッシュ値**から作ります．ハッシュ値は，メッセージから作られる決まった長さの文字列です．たとえば，

「HELLO」というメッセージの，MD5という方法で作るハッシュ値は「eb61eead90e3b899c6bcbe27ac581660」[♠3]，「HELL0」というメッセージのハッシュ値は「33537bb3dd394abef74aa0929bd19cb2」です（MD5の結果は常に32文字）．もとのメッセージの違いはわずかですが，ハッシュ値は大きく異なります．また，ハッシュ値がこれらと同じになるメッセージを作るのはとても難しいです．

8.3.3 デジタル証明書

8.3.1項で公開鍵暗号を使って通信を暗号化する方法を説明しました．最初にメッセージを受ける側（ボブ）が公開鍵と秘密鍵を作り，メッセージを送る側（アリス）に公開鍵を渡します．公開鍵なので，第三者に読まれてしまうのはかまわないのですが，別の公開鍵にすり替えられてしまうと困ります．このように，通信経路上で通信相手になりすますことを，**中間者攻撃**といいます．中間者攻撃が起こり得る状況で，アリスは，受け取った公開鍵が確かにボブのものだと確認できなければなりません．

そのためには，信頼できる第三者が必要です．このことは，本人限定受取の郵便の本人確認や，ハンコが本人のものであることの証明に，信頼できる（はずの）機関が発行する書類（例：自動車運転免許証や印鑑証明）が必要なことと似ています[♠4]．

[♠3] **WolframAlpha** [https://www.wolframalpha.com] で「MD5 HELLO」などとして求められます．

[♠4] メールの場合，本文で紹介するPKIを使って公開鍵を確認する方法（**S/MIME**）と，人間同士が互いにデジタル署名を付け合って作る「信頼の網」で公開鍵を確認する方法（**PGP**）があります．スノーデンがアメリカ国家安全保障局を告発する際にジャーナリストとの通信に使ったのはPGPです[42]．

具体的な手順は次のようになります.

(1) ボブは,自分の公開鍵と自分についての情報(サーバの場合はドメイン名,個人の場合はメールアドレス)をセットにしたものを,**認証局**(**CA**)という,信頼できる(はずの)機関に提出する.

(2) CA は,提出された情報を審査して,それが適性だと判断したら,CA のデジタル署名を付け,**デジタル証明書**とし,ボブに送る.

(3) ボブは,(公開鍵ではなく)デジタル証明書をアリスに送る.

(4) アリスは,デジタル証明書が確かにその CA のものであることを,CA の公開鍵を使って確認する.(証明書が途中ですり替えられたらここで気づく.)

(5) アリスは,デジタル証明書から相手の公開鍵と相手についての情報を取り出し,それが確かに自分が通信しようとしている相手(ボブ)のものであることを確認する.

これでボブの公開鍵がすり替えられていないことは確認できますが,こんどは CA の公開鍵がすり替えられていないことを確認しなければならなくなります.そのためには,その CA を認証する上位の CA が必要です.この手続きが無限に続かないように,**ルート認証局**という特別な CA が用意されています.ルート認証局は,自分で自分のデジタル証明書を発行します.

このようにして,CA を使って公開鍵の作成者を保証するしくみ全体のことを,**公開鍵基盤**(**PKI**)といいます.通信の秘密が守られ,様々な活動がウェブで行えるようになっているのは,PKI のお

かげなのです♠5.

8.4 ウェブの安全性

この章ではこれまで，公開鍵暗号のしくみについて説明してきました．この節では，公開鍵暗号の使われ方を説明します．その後で，公開鍵暗号とは直接関係しない「匿名性」の話題を紹介します．

8.4.1 TLS

インターネット上で，公開鍵暗号を使って，盗聴などの危険を回避して通信を行う方法は，**TLS** と呼ばれています．TLS は **SSL** という規格の後継なのですが，SSL という名前が普及しているため，SSL/TLS と呼ばれることが多いです．

ウェブで TLS が使われているかどうかを見分けるのは簡単です．URL が https で始まっているなら TLS が使われます．図 8.4 に例を挙げます．

図 8.4 (a) は http でウェブページを見ている様子です．通信が暗号化されていないので，こういうウェブサイトと秘密の情報をやり取りしてはいけません．

暗号化されていればいいというわけではありません．あるショッピングサイトを利用しているつもりで，その偽物にアクセスしていたら，通信が暗号化されていても意味がありません．偽物のウェブページにアクセスさせて，パスワードやクレジットカード番号など

♠5 8.1 節で述べた「日時の改ざん」の問題は，**タイムスタンプ局**という，日時を証明する第三者機関の存在と，デジタル署名の技術によって解決できます．

図 8.4 スキームをブラウザ（Firefox 74.0.1）で確認している様子

の，秘密の情報を盗み取ろうとすることを**フィッシング**といいます．
フィッシングは不正アクセス行為の禁止等に関する法律（**不正アク
セス禁止法**）で禁止されています．この法律では，他人のユーザID
やパスワードを無断で使用してコンピュータにログインすることや，
セキュリティホールをついてコンピュータに侵入することも禁止
されています．

　図 8.4 (b) は https でウィキペディアを見ている様子です．アドレスバーの錠のアイコンで，TLS が使われていることがわかります♠6．ウィキペディアが「wikipedia.org」であることを知っている人なら，ブラウザのアドレスバーの「https://ja.wikipedia.org/」を見ることで，これがウィキペディアであることを確認できます．

　TLS を使っていることを「安全」ということがありますが，これは誤解を招く表現です．ここでいう安全は，デジタル証明書を確認できた相手と暗号通信をしているという意味での「安全」です．この相手にクレジットカード番号を送信したとしましょう．通信の途中でその番号が第三者に盗み読まれる危険はないと考えていいでしょう．しかし，相手に渡った番号が悪用されないとか，流出しないとか，そもそもページに書いてあることが正しいとかいうことはまったく保証されません．「http なら安全ではない」は真ですが，「http でないなら安全」は必ずしも真ではありません．

　図 8.4 (c) は https で情報処理推進機構（IPA）のウェブサイトを見ている様子です．IPA が「ipa.go.jp」であることはウィキペディアほど有名ではないでしょうが，錠のアイコンをクリックして証明書の発行先を見ることで，これが IPA のウェブサイトであることを確認できます．この形式は，オンラインバンキングのウェブサイトでよく採用されています．

　デジタル証明書を確認できない場合も，暗号通信を行うことはできます．ただし，その場合はブラウザが図 8.5 のような警告を出し

♠6 錠はおろすもの，鍵はかけるといふが東京の言葉なるべし．（永井荷風『断腸亭日乗』昭和 11 年 1 月 19 日）

図 8.5　有効なデジタル証明書を確認できない場合に出る警告（Firefox 74.0.1 の場合）

ます．実験用に自分で運用しているサーバとの通信など，状況がよくわかっている場合以外は，ブラウザの警告に従い，ページを見るのを止めましょう．

　TLS（https）を有効にできるのはウェブサイトの制作者だけだということに注意してください．図 8.4 (a) のように http で見ているウェブページを https で見たいと思って，URL の先頭の http を https に変えても，そのウェブサイトが https をサポートしていなければ，https にはなりません．

8.4.2　匿　名　性

　筆者がウィキペディアを見たとしましょう．ウィキペディアは TLS を採用しているので，筆者がどのページを見たかは，第三者にはわかりません．しかし，筆者（が契約したインターネット回線を使える誰か）がウィキペディアにアクセスしたことは，**プロバイダ**（接続業者）はわかります．ウィキペディアが取っているであろう

アクセスログと突き合わせれば，筆者がどのページを見たのかもわかります．通信内容の暗号化と，通信の匿名性（送信者と受信者の身元を秘密にすること）とはあまり関係がないのです．

　ですから，国家権力による監視を逃れる必要がある場合や，何かを告発しようとする場合など，匿名性が必要なときには，TLS とは別の手段が必要です．

　そういう手段の一つに **Tor**（ザ オニオン ルータ The Onion Router）があり，**BBC**（英国放送協会）[7] や**ニューヨークタイムズ**[8] など，様々な組織がそれによるアクセスをサポートしています．

　ドクトロウの小説『リトル・ブラザー』（早川書房，2011）からの引用を，Tor についての説明に代えます[9]．

> オニオンルーターは，ウェブページへのリクエストを受けとるとそれをほかのオニオンルーターへ中継し，そのオニオンルーターがまたほかのオニオンルーターに中継するということを繰り返しているうちに，しまいにそのひとつがとうとう目的のページに到達し，オニオンの層を逆にたどって，リクエストした人にそのページを届けてくれるインターネットサイトだ．オニオンルーターへのトラフィックは暗号化されていて，そんなリクエストをしたことを学校に知られないし，オニオンの各層にもだれが最初のリクエストしたのかわからない．ノードは無数に存在する―オニオンルーターは，シリアや中国のような国の市民が検閲ソフトをだしぬくのを助けるためにアメリカ海軍研究局が開発した．だから，平均的なアメリカの高校のなかで利用するのにうってつけなのだ．

---

[7] https://www.bbcnewsv2vjtpsuy.onion
[8] https://www.nytimes3xbfgragh.onion
[9] Tor はインターネットサイトではなく，プロトコルの名前です．引用文中の「ルーター」は，本文では「ルータ」としています．

　Tor を利用するためには Tor Browser などの，Tor をサポートするソフトウェアが必要です．Qubes OS や Tails のような，すべてのインターネット接続に Tor を使う OS もあります．ウェブの利用時に常に Tor を使えばいいかというと，そういうわけではありません．たとえば，Tor を使ってオンラインバンキングにログインするのは，不正アクセスと誤解されるので，やめた方がいいでしょう．

9 ウェブ アプリケーション

世界が美しくあるためには，どんな些細な疵もあってはならない．プログラミングも同じだ．♠1

リーナス・トーバルズ（1969–）

ウェブでの情報発信は，発信したい情報を HTML で書いて保存したファイルを使ってではなく，ユーザからのリクエスト（要求）に応じてその場で生成した HTML を使って行うこともできます．この技術によってウェブは，閲覧するだけのページの集まりから，複雑な操作が可能なウェブアプリケーションの集まりになります．

9.1 ウェブアプリケーションとは何か

ソーシャルメディアのタイムライン（5.2節）は，見るたびにその内容が変わっています．そういうことを，第3章で紹介したHTML文書で実現するのは難しいです．ツイッターやフェイスブックの従業員がタイムラインのためのHTMLを手作業で更新するのは現実的ではないからです．タイムラインを実現するためには，そのHTMLをプログラムで自動更新しなければなりません．

♠1 リーナス・トーバルズ，デビッド・ダイヤモンド著，風見潤訳『それがぼくには楽しかったから』（小学館プロダクション，2001）

表 9.1 汎用のものと特殊な用途の例

汎用のもの	特殊な用途
ハードウェア	OS
OS	ウェブサーバやブラウザ
ウェブサーバやブラウザ	ウェブアプリ（例：CMS）

そのような，ウェブのコンテンツをプログラムで作るしくみや，このしくみによって実現するものを総称して，**ウェブアプリケーション**（略してウェブアプリ）といいます．簡単に言えば，ブラウザで利用するアプリケーションがウェブアプリです．

アプリケーション（略してアプリ）というのは相対的な概念で，様々なことに使える汎用のものの上で動く，何か特殊な用途のためのプログラムを意味します．例を表 9.1 に挙げます．

何がアプリなのかを決める，明確な基準はありません．マイクロソフトはかつて，ブラウザが OS の一部だと主張し，マイクロソフト製のブラウザ（Internet Explorer）の使用をユーザに強制しようとしたことがありました．このことによって起こった裁判で，ブラウザは OS の一部ではなく，OS の上で動くアプリだということになりました．

ウェブアプリがあると，ウェブの姿は第 1 章で説明したものとはずいぶん違ったものになります．

第 1 章で紹介したウェブは，図 9.1 (a) のようにして公開されるウェブページのネットワークです．公開されるページは，HTMLファイルとしてウェブサーバに保存されています．ウェブサーバは，ユーザからの**リクエスト**に応じて，ファイルの中身をユーザに送信

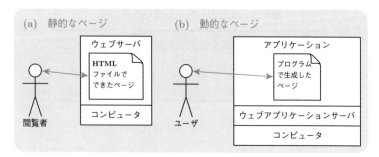

図 9.1　静的なページと動的なページ

します．このように，あらかじめ用意されていて，ユーザにそのまま見せられるページのことを，**静的なページ**といいます．

　ウェブアプリによってウェブは，図 9.1 (b) のようにして公開されるウェブページのネットワークになります．公開されるページは，ユーザからのリクエストに応じて，オンデマンドで生成され，ユーザに送信されます．このように，あらかじめ用意されてはおらず，ユーザからのリクエストに応じて作られるページのことを，**動的なページ**といいます．動的なページを作るためのプログラムを動かせるサーバを，**ウェブアプリケーションサーバ**といいます．（「ウェブサーバ」と呼んでもかまいません．）

　静的なページだけを公開する場合と比べると，動的なページを公開する場合には，セキュリティにかなりの注意が必要です．ウェブアプリケーションサーバではプログラムが動きます．ウェブアプリにセキュリティホールがあると，そこから機密データが流出してしまったり，悪意のあるプログラムを実行させられてしまう危険があるからです．ですから，ウェブアプリを公開するのは，基本を学ん

ですぐではなく，安全について体系的に学んでからにしましょう♠2.

9.1.1 プログラムが動く場所

3.3.3項で情報発信にプログラムを使うことを紹介しました．この章で紹介しているのもプログラムなのですが，両者は動く場所が違います（図9.2）．

3.3.3項で紹介したプログラムは，**クライアント側**，つまりブラウザなど，ユーザの端末上で動きます．ですから，ユーザの端末，特にブラウザ上で動くことが確実なプログラミング言語で書かなければなりません．たいていのブラウザで動くと考えていいのは，**JavaScript** のプログラムだけです．

この章で紹介しているプログラムは，**サーバ側**，つまりウェブアプリケーションサーバ上で動きます．どんなプログラミング言語でも，その実行環境をサーバ側で用意すれば使えます．**C#**，**Java**，**JavaScript**，**PHP**，**Python**，**Ruby** などがよく使われます．

クライアント側とサーバ側の両方で使える JavaScript は，ウェブに興味を持つ人が最初に学ぶ言語の筆頭にあります．

ウェブアプリのユーザがしなければならないのは，ブラウザを起動して URL を入力することだけです．この利点を活かすために，ウェブアプリではなかったプログラムを，ウェブアプリとして作り直すこともあります．たとえば表計算ソフトウェアは，もともとはコンピュータにインストールして使うものでした．しかし現在では，

♠2 基本を学ぶための教科書として拙著『Web アプリケーション構築入門』[43]を，安全について学ぶための教科書として『安全な Web アプリケーションの作り方』[44] を勧めます．

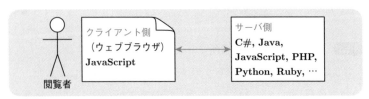

図 9.2　プログラムが動く場所

表計算のウェブアプリがあります．ユーザは，ブラウザを起動して
URL を入力するだけで，それを利用できます．メーラー（メール
を読み書きするためのソフトウェア）も同様です．ソフトウェアの
インストールやアップデートの必要はありません．

　ウェブアプリはとても便利なのですが，スマートフォンやタブ
レットでは，インストールして使うアプリ（**ネイティブアプリ**）が
ウェブアプリより好まれています．これは，ネイティブアプリが持
つ，機器の性能を発揮しやすいという性質が重視されているからだ
と思われます．アップルやグーグルの審査に通らなければならない
という不自由さ（一部のユーザにとっては安心の材料）も，ネイティ
ブアプリにはあるのですが．

9.2 ウェブ API

　ウェブアプリケーションサーバの使い道は，図 9.3 の①のように，
ユーザのクリックや URL の入力に応じてウェブページを作ること
だけではありません．

　人間が読むウェブページには，スタイル指定（3.5.2 項）のよう
な，ページを読みやすくするためのデータが含まれています．しか
し，3.4.2 項で述べたように，そういうものが不要で，データだけが

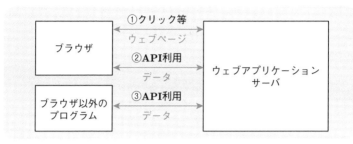

図 9.3 API があると，①の人間によるクリック等の操作以外の方法で，ウェブアプリケーションサーバと通信ができるようになる．

得られればいいという場合があります．そういう場合のために，人間が読むための「ページ」ではなく，機械的に処理するための「データ」だけを提供することがあります．そのような，人間ではなくプログラムからのリクエストに応えるためのしくみを **API** といいます．ウェブで利用する API を**ウェブ API** ということもあります．

図 9.3 の②は，ブラウザが API を利用してデータを取得している様子です．多くのウェブアプリでは，ユーザの見えないところで，このような，API によるデータの送受信が行われています．

API があると，図 9.3 の③のように，ブラウザを使わずにウェブアプリケーションサーバと通信できるようになります．ウェブアプリケーションサーバとの通信を機械的に行いたい場合には，このような API を利用するプログラムを書くといいでしょう．たとえばツイッターには API があるので，ブラウザ以外のプログラムからツイートできます．

API を使うことにはリスクもあります．たとえば，ツイッターの普及（ふきゅう）に貢献（こうけん）してきたであろう非公式アプリの多くが，API の仕様

変更が原因で使えなくなったことがあります．藤井太洋の小説『ハ
ロー・ワールド』（講談社, 2018）に描かれたエンジニアの心境は，
現実のものからそう遠くはなかったと思われます．

> 技術の話を聞いてくれる幾田でも，あの時に僕が感じた絶望は
> 共有できない．僕はただ「ツイッターでは今までのように，自
> 由にアプリを作れなくなりました」と報告しただけだった．

　API の機能が制限されすぎて，ウェブブラウザでできることの
ごく一部しか実現できない場合には，図 9.3 の①の人間の操作をま
ねるプログラムを書きます．そのようにして，プログラムを使って
ウェブページの内容を取得することを**スクレイピング**といいます．

9.3　マッシュアップ

　プログラムでウェブにアクセスできるようになると，複数のウェ
ブサイトで公開される情報を，自動的に組み合わせて活用できるよ
うになります．そういう行為を**マッシュアップ**といいます．

　マッシュアップによって，ショッピングサイトで本を探しなが
ら，その本が図書館にあるかどうかをチェックする例を紹介しま
す．まず，Chrome（Firefox も可）に拡張機能 Calilay を追加，所
蔵状況をチェックする図書館として，国会図書館・東京大学附属
図書館・千葉県市川市立図書館の三つを登録します．アマゾン（オ
ンラインショッピングサイト）でローレンス・レッシグの『CODE
VERSION 2.0』[2]♠3 を閲覧すると，三つの図書館での所蔵状況が

♠3 https://www.amazon.co.jp/dp/4798115002/

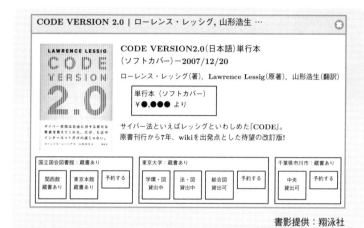

図 9.4　マッシュアップの例（ショッピングサイト＋図書館蔵書検索）

表示されます．図 9.4 は，この本が国会図書館の関西館・東京本館，東京大学の学環・法・総合（学環・法では貸出中），千葉県市川市の中央図書館に所蔵されている状況を想定した概念図です．

　大事なのは，ショッピングサイトのページを開く以外，人間は何の操作もしていないことです．API を利用するプログラムの働きによって，複数の情報源（この例ではショッピングサイトと各図書館）のデータが一つにまとめられているのです．

10 データベース

地球丸ごとデータベース！　　　　　　　　増永良文（1941–）

　ウェブアプリでページを生成するのに必要なデータは，データベースで管理します．ウェブアプリでよく使われる複雑な機能の中には，データベース管理システムを導入するだけで実現できるものがあります．たとえば，コンピュータが突然停止するような異常事態が起きても，データベースのデータの一貫性は保たれます．

10.1 なぜデータベースが必要か

　オンラインショッピングサイトでは，図 10.1 のように，商品を紹介するページが必要です．それを静的なページ（9.1 節）で実現しようとするとどうなるでしょう．図 10.1 では商品が 3 個しか描かれていませんが，大きなショッピングサイトの商品数は 1 億を超えると言われます．商品が 1 億種類あったら，1 億個の HTML ファイルを用意しなければなりません．商品の在庫数が変わるたびに対応するファイルを更新しなければならないのはもちろん，サイトのデザインを変えたいと思ったら，1 億個のファイルすべてを更新しなければなりません．これは現実的ではありません．

　この問題は，図 10.2 のように，データベースを導入することで解

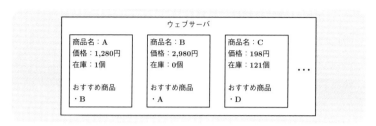

図 10.1 商品ごとに静的なページがあるショッピングサイト

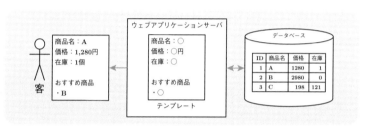

図 10.2 データベースを利用するショッピングサイト

決されます. 準備の段階で, ID, 商品名, 価格, 在庫数などのデータをデータベースに入れておきます. ID は商品を特定するためのものです. ここでは話を簡単にするために, 1, 2, 3, ... という整数だとしておきましょう. さらに, 商品名, 価格, 在庫などを穴埋めできるような, ウェブページの雛形 (テンプレート) を作り, ウェブアプリケーションサーバに置いておきます.

客が「商品 A」のページを見ようとすると, 次のようなことが起こります.

(1) 客が, 商品 A のページをウェブアプリケーションサーバにリクエストする.

(2) ウェブアプリケーションサーバが, データベースに商品 A

の情報を問い合わせ，結果を得る．

(3)　ウェブアプリケーションサーバが，テンプレートに商品A
の情報を埋め込み，ページを完成させ，客に送信する．

　商品Aが売れて在庫数が変わったら，データベースのデータは自
動的に更新されます．人間の作業は不要です．次に顧客が商品Aの
ページを見るときには，そのページに表示される在庫数は更新され
たものになっています．

　このように，公開したい情報をウェブページに直接記載するので
はなく，データベースに格納したデータをもとにウェブページを動
的に作るのは，ウェブサイト構築における強力なテクニックです．

　この本ではくわしく説明しませんが，ウェブでデータベースを使
う方法は他にもあります．本文で紹介したのはサーバ側だけにデー
タベースがある場合ですが，ユーザ全員がデータを持つようにして，
第8章で紹介する暗号技術で改ざんを防止すると，**分散データベー
ス**ができます．分散データベースに取引の記録を数珠つなぎに記録
したものに**ブロックチェーン**があります．ブロックチェーンを応用
すると，**ビットコイン**のような**仮想通貨**（**暗号資産**）が実現します．

10.2 データベースの設計

　データベースは，必要なデータがそろっていれば実用的かという
と，そういうわけではありません．検索エンジン（2.3節）を例に説
明します．ウェブをクローリングして表2.2（p.38）を作るだけで
は検索エンジンにはなりません．表2.2のデータさえあれば，p.39
の表2.3のような索引や表2.4のようなページランクは導き出せる

のですが，検索ボタンが押されてからそれをやっていたのでは，おそくて使い物になりません．ですから，検索結果をすばやく返すためには，表 2.3 や表 2.4 をあらかじめ作っておく必要があります．

オンラインショッピングサイトでも同じようなことが言えます．表 10.2 のデータベースには，表が一つしかありませんが，これでは実用にはなりません．この他に少なくとも，顧客情報（氏名，住所，電話番号など）を管理する表と，購入履歴（購入日時，購入商品と個数，送付先，支払情報など）を管理する表は必要です．

このように，データを表で管理するデータベースを**リレーショナルデータベース**といいます．その理論を作ったエドガー・コッド（1923–2003）は，1981 年にチューリング賞を受賞しました．

10.3 データベース管理システム

データを **CSV** 形式のファイルに記録して，表計算ソフトウェアで編集することにすれば，それでデータベースになると思うかもしれません．しかしデータベースには，後で紹介する，表計算ソフトウェアが標準では持っていないような機能が必要です．ですから，そういう機能を備えたソフトウェアである**データベース管理システム**を使ってデータベースを実現するのが一般的です．（データベース管理システムをデータベースと呼ぶこともあります．「データベース」という語の意味は，文脈から判断します．）

図 10.2 のオンラインショッピングサイトを例に説明します．今，商品 A が 1 個売れた，つまり「注文を確定する」ボタンが押されたとしましょう．データベースの商品 A の在庫を再確認し，在庫が 0

だったら注文をキャンセルします．在庫が 0 でなかったら，在庫を 1 減らします（在庫を 0 に更新）．再確認と更新の間の短い時間に商品 A をもう 1 個売ることは，機械的に止める必要があります．

　よく例として挙げられるのは銀行業務です．預金が 2 万円ある人が，1 万円を引き出そうとしているとしましょう．引き出しを確定させる際には，預金が 1 万円以上あることを確認してから，預金を 1 万円減らし，残高を保存します．確認と保存の間の短い時間に，公共料金（1 万円としましょう）の引き落としを実行してはいけません．次のようなことが起こります（最終的な残高は 0 円になるはずですが，そうなってはいません）．

(1)　引き出しのための確認（残高は 2 万円．これを p とする．）

(2)　引き落としのための確認（残高は 2 万円．これを q とする．）

(3)　引き落とし後の残高の計算（$q - 1 = 2 - 1 = 1$ 万円．これを r とする．）

(4)　引き落とし後の残高の保存（残高は r つまり 1 万円．）

(5)　引き出し後の残高の計算（$p - 1 = 2 - 1 = 1$ 万円．これを s とする．）

(6)　引き出し後の残高の保存（残高は s つまり 1 万円！）

こういう事態を避けるためには，表 10.1 に掲載する **ACID**（アシッド）特性が必要です．とはいえ，ウェブアプリのために ACID 特性のための機能を開発する必要はありません．ACID 特性を備えたデータベース管理システムを導入すればいいのです．自由に使える，オープンソースソフトウェアのデータベース管理システムも，MySQL, PostgreSQL，SQLite など，いろいろあります．

表 10.1 データベースが備えるべき特性（ACID 特性）

原子性（Atomicity）	一連の操作は「すべてが完了」するか「まったく何もしない」のどちらかしかない.
一貫性（Consistency）	データベースの内容が正しくなければならない.（預金残高が負になったりしない.）
独立性（Isolation）	一連の操作の途中で，他の操作を行わない.（同じ口座に関わる複数の取引を同時に行わない.）
持続性（Durability）	完了した結果は失われない.

10.4 データベースのための言語

　データベースを操作するときには，データベース専用のプログラミング言語である **SQL** を使います．SQL は，図 9.2（p. 146）に登場したような，一般的なプログラミング言語とはかなり違った性質を持つ言語です．

　例として，図 10.2 のデータベースで管理されている商品で，在庫があるものだけを知りたい場合について考えます．

　一般的なプログラミング言語を使うなら，次のようなプログラムを書くことになります．

```
1. x を 1 とする.
2. 表の x 行目に商品がなければプログラムを終わらせる.
3. 表の x 行目の商品の在庫が 1 以上なら, その商品の ID を報告する.
4. x を 1 増やす.
5. 2 にもどる.
```

　このように，実行すべき処理を一つずつ書いて指示するためのプログラミング言語を，**手続き型言語**といいます．

　SQL を使うなら，次のようなプログラムを書くことになります（これは SQL を日本語に翻訳したものと考えてください）．

```
商品の表から,
在庫が 1 以上のものの,
ID を取り出す.
```

　このように，ほしい結果がどのようなものなのかを書いて指示するためのプログラミング言語を，**宣言型言語**といいます．宣言型言語では，実行する具体的な処理を書く必要はありません（それはコンピュータが考えます）．

　手続き型言語と宣言型言語では，プログラムの書き方がまったく違います．どちらの言語を使うかによって，問題の理解の仕方も変わるかもしれません．初等教育の現場では，手続き型言語だけが使われる印象がありますが，そうやってプログラミングを学んでしまうと，多様な考え方が身に付かず，解きたい問題に合った解決法を選べるようにならない危険があります．たとえば，図 9.2 （p. 146）に登場する言語はすべて手続き型なので，その中のどれかを学んでいれば，他の言語を学ぶのは比較的簡単です．しかし，宣言型言語を学ぶのに，手続き型言語の知識はあまり役に立ちません．ですから，手続き型言語でプログラミングへの入門を終えている人でも，初めて宣言型言語を学ぶときには，初心に返る必要があるでしょう．

　　プログラマはその使うプログラミング言語の差異によって，思考とその結果であるコードに決定的な影響を受けます．[1]
　　　　　　　　　　　　　まつもとゆきひろ（1965–）

---

[1] まつもとゆきひろ『コードの世界』（日経 BP, 2009）

11 クラウド (cloud) 雲

政府は，クラウドからなら，自宅のコンピューターに比べてずっ
と簡単に個人情報を手に入れられる.[27)]

イーライ・パリサー（1980–）

　ウェブサーバやデータベースサーバを動作させるための**計算資源**
（情報処理能力）はクラウドで調達できます．よほど大規模になら
ない限り，コンピュータの設置場所の確保や故障への対応について
気にする必要はありません.

11.1 情報をどこから発信するか

　ウェブで情報を発信するための，コンピュータの CPU，メモリ，
ストレージなどは，必要に応じて料金を払うだけで調達できます.
このように，必要な計算資源をほぼ無制限に調達できるしくみを**ク
ラウド**といいます．第 7 章で紹介したクラウドは crowd（群衆）
で，この章で紹介しているクラウドは cloud（雲）です.

　クラウド（雲）の利用方法を，技術的に簡単な順に四つ紹介します.
（ここでくわしくは紹介しませんが，クラウドでファイルを預かる**ク
ラウドストレージ**のような，「すべての人のための道具」もあります.）

　第 1 の方法では，**ソーシャルメディア**（5.2 節）を使います．こ

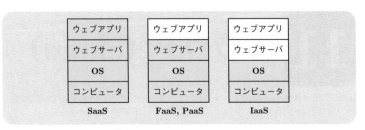

図 11.1　クラウド（cloud）で計算資源を調達する方法．灰色部分はサービスとして提供され，白い部分は自分で用意する．左側では管理の手間が減り，右側ではソフトウェアの選択肢が増える．

の方法の利点は，簡単なことと，うまく行けば短時間で大勢の人に情報を届けられることです（5.3.1 項）．

　第 2 の方法では，サービスとして提供される CMS（5.1 節）などのウェブアプリを使います．この形式は，SaaS（Software as a Service）と呼ばれます（図 11.1）．アカウントを作ればすぐにブログを書けるようなサービスがこれに該当します．この方法の利点は，CMS 自体の管理（バージョンアップなど）をしなくていいなど，手間が少ないことです．

　第 1，第 2 の方法に共通する欠点として，発信した情報がサービス事業者の判断で削除される危険があること，サービスが終了したら使えなくなることが挙げられます．

　第 3 の方法では，サービスとして提供されるウェブアプリの実行環境を使います．この形式は，FaaS（Function as a Service）やPaaS（Platform as a Service）と呼ばれます（図 11.1）．たとえば，ウェブアプリケーションサーバとデータベースが動いている環境を借りて，そこに自分で WordPress をインストールすればブロ

グを書けるようになりますし，MediaWiki をインストールすれば
ウィキを運用できるようになります．

第4の方法では，サービスとして提供される仮想的なコンピュー
タを使います．この形式は，IaaS（Infrastructure as a Service）
と呼ばれます（図 11.1）．たとえば，GNU/Linux が動いている仮
想的なコンピュータを借りて，目的に合ったソフトウェアをインス
トールします．第3の方法と異なり，ウェブアプリケーションサー
バ，データベース管理システムなどは，好きに選んで使えます．

第3，第4の方法に共通する利点として，サービスが終了してし
まってもアプリケーションとデータを別のサービスに移動させれば
情報発信を続けられることが挙げられます．第3，第4の方法に共
通する欠点として，ソフトウェアを自分で管理しなければならない
ことが挙げられます．

11.1.1 独自ドメイン

クラウド（雲）を採用したとして，自分のウェブサイトを，ある
サービスから別のサービスに移せるようにするためには，そのサイ
トを**独自ドメイン**で運用しておかなければなりません．たとえば，
筆者は利用料を払ってドメイン「unfindable.net」を所有し，ホーム
ページを [https://www.unfindable.net] で公開しています．ホー
ムページを配信するためのサーバはクラウドで調達し，そのアドレ
スを www.unfindable.net というホストに対応付けているのです．
別のクラウドからサーバを調達することになったら，新しいサーバ
のアドレスを www.unfindable.net に対応付けます．ホームページ
の URL はもとのままですから，筆者のホームページを配信するサー

バが変わっても，ほとんどの人は気付かないでしょう．

　ただし，この方法を個人で続けるのは難しいです．たとえば，何らかの理由（例：筆者の死亡）によって，ドメインの利用料を払えなくなれば，このドメインのすべての URL は無効になります．その後，別の誰かが「unfindable.net」を取得すれば，[https://www.unfindable.net] で表示されるページは，今とはまったく違ったものになるでしょう．

　サービス終了のリスクやサービス間の移動の自由を重視するなら，独自ドメインを使います．維持できなくなるリスクを重視するなら，独自ドメインを個人で使うことはできません．

11.2　発信した情報の寿命

　個人のウェブサイトの寿命（閲覧できなくなるまでの時間）を長くするのは難しいです．

　日本では**国立国会図書館法**により，国内で出版されたすべての出版物を，国会図書館に納入することが義務づけられています．ですから，本であれば，**国会図書館**に納本されればひと安心です．国会図書館にある筆者の著書（この本を含む）は，たとえ出版社が絶版にしても読めます（本が焼かれる社会にならない限り）．

　本と国会図書館の関係に似ているのが，ウェブページと**インターネットアーカイブ**[1]（以下，アーカイブ）の関係です．アーカイブはウェブページを収集し，保存しているウェブサイトです．ウェブページは，アーカイブに保存されれば，読めなくなる危険はかなり

---

[1] https://archive.org

小さくなります.

　存在しないページを読もうとすると,ブラウザにはエラーが表示されます.そういうときに,読もうとしたページの URL を,アーカイブに問い合わせます.そのページがアーカイブに保存されていれば,保存された時点での内容を読めます.消えたページがアーカイブで保存されているかどうかをチェックする(拡張)機能を持つブラウザもあります.

　本を国会図書館に納本するのと異なり,ウェブページをアーカイブに保存するのは義務ではありません.拒否することもできます.アーカイブに保存されたくないページがある場合は,**robots.txt**というファイルを用意し,そのファイルの中に,対象となるページのパスを列挙します.この方法はグーグルなどの検索サービスに対しても有効です.ただし,この有効性は技術的なものではなく紳士協定のようなものです.つまり,robots.txt に書かれているからといって,アーカイブから見えなくなるわけではなく,アーカイブ側で見ないことにするだけです.アーカイブに保存されれば絶対安心かというとそういうわけでもありません.米国の**デジタルミレニアム著作権法**(DMCA)に基づく削除要請で,保存されているはずのページが見えなくなった事例が,2018 年に報告されています[45]).

　アーカイブはウェブには不可欠な存在です.たとえば,ウィキペディアの記事からリンクされているウィキペディア外のウェブページには,記事か書かれた時点では存在しても,その後なくなってしまったものがたくさんあります.そういうページへのリンク(デッドリンク)をアーカイブへのリンクで置き換えることが,ウィキペディアの百科事典としての価値を保つことに役立っています.

12 間接参照

プログラマーの仕事の多くは―タイラーは読んだ―変数と値の
あいだの間接参照(インダイレクション)の階層(レベル)をつなぐ網(あみ)の目状のリンクを解きほ
ぐすことで成り立っている.♠1

上のエピグラフは,デビッド・ウィラー(1927–2004)の発言を
もとにしていると思われます.『ビューティフルコード』46) から引
用します.

私たちの探索(たんさく)はバトラー・ランプソンの格言「コンピュータサ
イエンスにおける問題のすべては,もう一段の間接参照によっ
て解決できる」から始まったわけですが,彼はこの格言をサブ
ルーチンの発明者であるデビッド・ウィラー(David Wheeler)
に依(よ)るものだとしています.しかし重要なことに,ウィラーの
発言には続きがありました.「しかしそうすることで,たいて
い,新たな問題が作り出されるのだ」.

何かを指すときに,その対象を直接指すのではなく,代替物(だいたい)を経
由して間接的に指すことを**間接参照**といいます(図 12.1).間接参照
は,コンピュータが関わる様々な場面で使える強力な考え方です♠2.

♠1 ケン・リュウ著,古沢嘉通訳『紙の動物園』(早川書房, 2015)収録の小説
「1 ビットのエラー」より.
♠2 間接参照されていたものを直接参照できるようにすることで解決される
問題もあります.たとえば,6.3.2 項で紹介(こう)した OAuth は,ユーザの権利を
「ユーザ→権利」と間接参照するのではなく,権利だけを直接参照できるように
するしくみです.

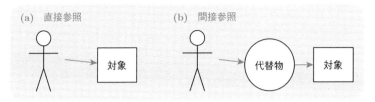

(a) 直接参照　　　　　　　　　(b) 間接参照

対象　　　代替物　対象

図 12.1　直接参照と間接参照

　ウェブで使われる間接参照には，次のようなものがあります．（探せば他にもたくさん見つかるでしょう．）

- 長い URL の代わりに用いる QR コードや短縮 URL（1.2.2 項）
- 認証を他のサービスに任せる外部認証（6.3.1 項）
- コンピュータのアドレスの代わりに用いるホスト名（11.1.1 項）
- 住所の代わりに用いる SNS アカウント（12.1 節）
- 文字（画像）の代わりに用いる文字コード（12.2 節）
- 文字の代わりに用いる文字参照（12.2.5 項）
- 個々の支払先の代わりに用いる決済サービス（例：PayPal）

この章では，SNS のアカウントと文字コードについて説明します．

12.1　SNS

　A が B にメッセージを伝えたいとします．最も単純で確実な方法は実際に会うことですが，それができない場合に使える伝統的な方法は，手紙を送る，メールを送る，電話をかける，などでした．

　手紙を送るには，A は B の住所を知っていなければなりません．A が B の住所を知っていたとしても，その後 B が転居して，新しい住所を A に教えていなければ，A は B に手紙を送れません．メー

ルや固定電話の場合にも同じことが問題になります.

　携帯電話の電話番号は，転居や電話会社の変更をしても同じままにできるので，上で述べたような問題は起こりません. しかし，番号を知られた相手からの通話を拒否するのが難しいという問題があります.

　メッセージの送信に SNS を使うことにすると，以上のような問題を回避できます. SNS のアカウントは，居住地とは無関係ですから，転居しても変わりません. SNS には通常メールアドレスを登録しますが，それが使われるのは，SNS からの通知のためであって，他のユーザからのメッセージが直接そのメールアドレスに届くわけではありません. メールアドレスが変わったとしても，そのことを自分がつながっている人たち全員に知らせる必要はありません. 必要なのは，SNS に登録されているメールアドレスを変更することだけです. SNS に電話番号が登録されている場合も同様です. 電話の場合の通話を拒否できないという問題も，SNS ならつながりを切ればいいだけなので，（技術的には）簡単に解決できます.

12.2 文字コード

　これまで，URL や HTML など，ウェブの構成要素が**文字**で表現されていることを暗黙の前提にしてきました. この節では，コンピュータで文字あるいは文字列（0 個以上の文字の並び）を扱うというのはどういうことなのかを改めて考えます.

　単純に言えば，コンピュータで文字を扱うためには，次の準備が必要です.

(1) 利用する文字を集める.

(2) 各文字に番号を振る. この結果を**符号化文字集合**という.

(3) 各文字をバイト列に変換する方法を決める. これを**文字符号化形式**という.

　符号化文字集合と文字符号化形式を合わせて**文字コード**と呼びます. この節では, 文字コードの例として ASCII とユニコードを紹介します.

12.2.1 ASCII

　ASCII は表 12.1 のような文字コードです. たとえば, 「A」に振られている番号は 41, 「=」に振られている番号は 3D です (いずれも 16 進数). これがそのまま文字のバイト表現になります. 表の見方を確認してから先に進んでください. このように, 何か (この場合は文字) をバイト列にすることを**エンコード** (符号化), バイト列を元にもどすことを**デコード** (復号) といいます.

　20 から 7E が**印刷可能文字**です (ただし, 20 は空白). それ以外の灰色の部分は**制御文字**で, 字体 (字の骨組み) はありません. ウェブに関わる制御文字は, **改行**を表す LF だけです.

　ASCII は最強と言っていい文字コードです. ブラウザが動くコンピュータで, ASCII 文字を読み書きできないということはまずありません. ですから, どんな環境でもまちがいなく読めるようにしたいという場合は, すべてを ASCII 文字だけで書くといいでしょう.

表 12.1　ASCII（灰色部分は制御文字，それ以外は印刷可能文字）

	0	1	2	3	4	5	6	7	8	9	A	B	C	D	E	F
0	NUL	SOH	STX	ETX	EOT	ENQ	ACK	BEL	BS	HT	LF	VT	FF	CR	SO	SI
1	DLE	DC1	DC2	DC3	DC4	NAK	SYN	ETB	CAN	EM	SUB	ESC	FS	GS	RS	US
2		!	"	#	$	%	&	'	(	)	*	+	,	-	.	/
3	0	1	2	3	4	5	6	7	8	9	:	;	<	=	>	?
4	@	A	B	C	D	E	F	G	H	I	J	K	L	M	N	O
5	P	Q	R	S	T	U	V	W	X	Y	Z	[	\	]	^	_
6	`	a	b	c	d	e	f	g	h	i	j	k	l	m	n	o
7	p	q	r	s	t	u	v	w	x	y	z	{	|	}	~	DEL

12.2.2 ユニコード

　ブラウザが動くどんなコンピュータでも使えるとはいえ，ASCII
には印刷可能文字が 95 個しかありません．たとえば日本語には，ひ
らがなとカタカナで約 100 字，**常用漢字**[47]) だけでも 2,136 字もあ
ります．ASCII で日本語を直接表現するのは難しいでしょう（ロー
マ字で書くことはできますが）．

　そこで，**JIS 漢字**と呼ばれる符号化文字集合と，Shift_JIS, EUC-
JP, ISO-2022-JP 等，漢字を 2 バイトで表現するような文字符号
化方式が作られました．JIS 漢字は，JIS X 0208（第 1 水準，第 2
水準漢字等）や JIS X 0213（JIS X 0208 に第 3 水準，第 4 水準漢
字等を加えたもの）の通称です．JIS X 0208 に対しては「漢字が
足りない」という批判がありましたが，JIS X 0213 はそういう批
判は当たらないでしょう（漢字が多すぎて使いたい字を見つけられ
ないということはありそうですが）．2 バイトつまり 16 ビットあれ
ば約 $2^{16} = 65{,}536$ 個の文字を表現でき，日本語のことだけを考え
るならこれで十分でした．

　しかし，これらの文字コードは日本語を想定して作られたもので

表 12.2 ユニコードに収録された文字の例

A	ξ	𝔐	真	さ	ト
U+0041	U+03BE	U+1D510	U+771F	U+3055	U+30C8
アルファベット	ギリシャ文字	フラクトゥール	漢字	ひらがな	カタカナ
𝄞	𓀀	𒈀	☃	🧑	🏛
U+1D11E	U+13000	U+12000	U+2603	U+1F9D1	U+1F4DB
音楽記号	ヒエログリフ	くさび形文字	その他の記号	絵文字（人）	絵文字（名札）

す．ですから，たとえば Shift_JIS だけをサポートするソフトウェアで，日本語以外の多くの言語の文書を扱うのは難しいです．

　この問題は，世界（地球）で使われているすべての文字に対応する文字コードがあれば解決できます．**ユニコード**（Unicode）です．2020年制定のバージョン 13 には 143,859 もの文字が収録されています．

　ユニコードの各文字は 4〜6 桁の 16 進整数で特定できるようになっています．この整数を**ユニコードスカラ値**といいます．たとえば，「あ」のユニコードスカラ値は 3042 です[3]．そこで，「U+3042」という記述で「あ」を指すことになっています．他の例を表 12.2 に掲載します．

12.2.3 全角文字と半角文字

　表 12.2 に掲載した A（U+0041）やト（U+30C8）とは別に，Ａ（U+FF21）のような**全角文字**や，ｱ（U+FF84）のような**半角文字**があります．全角や半角というのは，それらがかつて漢字 1 文字と

---

[3] ユニコードの文字について調べたい場合は Unicode Character Code Charts [https://unicode.org/charts/] や，[https://unicode.org/Public/] で公開されている CodeCharts.pdf が便利です．ユニコードの漢字のデータベース [https://unicode.org/charts/unihan.html] もあります．

同じ幅（全角），あるいは漢字 1 文字の半分の幅（半角）を使って表示されていたなごりです（その後，文字の幅は書体で決まるようになりました）．これらの文字がユニコードに収録されているのは，古い文字コードを使った文書と相互に変換できるようにするためです．ユニコードで新たに書く文書で，これらを使う必要はありません．

12.2.4 UTF-8

HTML 文書でユニコードの文字を使うのは簡単で，テキストエディタでその文字を入力して，**UTF-8** という形式で保存するだけです．UTF-8 はユニコードのための文字符号化形式の一つで，たとえば，「あ」という文字を UTF-8 でエンコードすると，「E38182」というバイト列になります．16 進数 2 桁で 1 バイトなので「E38182」（6 桁）は 3 バイトです．ちなみに，Shift_JIS では「あ」を「82A0」という 2 バイトで表現します．この点で Shift_JIS の効率がいいのは確かですが，世界中の文字を直接表現できる UTF-8 の方が，ウェブでは有用です．

漢字，ひらがな，カタカナを **2 バイト文字**と呼ぶことがありますが，この表現は，1 文字を 2 バイトで表現する Shift_JIS のような文字コードでしか通用しないので，使わない方がいいです．ちなみに，ユニコードのための文字符号化形式の一つである **UTF-16** では，ASCII の 1 文字も 2 バイトで表現されます．

ユニコードのための文字符号化形式は他にもありますが，文字に関する様々なトラブルを未然に防ぐために，常に UTF-8 を使うことを勧めます．

エンコードに使ったのとは違う文字コードでバイト列をデコード

しようとすると，**文字化け**になります．たとえば，「E38182」という バイト列が記録されたファイルを Shift_JIS だと思って開いても， そこに書いてあることは読めません．「弟」を EUC-JP でエンコー ドして「C4EF」とし，まちがって GB18030（中国の文字コード） でデコードすると「娘」になります（その日本語訳は「母」です！）．

　ですから，エンコードに使った文字コードは明示しなければ なりません．HTML 文書では，head 要素内に `<meta charset= "UTF-8" />` と ASCII で書いて，そのファイルの文字コードを明 示します（p. 57 の図 3.3 を参照）．文字コードを知らずにこの記述 を読めるのは，図 3.3 のように，この記述が現れるまでに登場する 文字がすべて ASCII 文字だからです．

12.2.5 文 字 参 照

　HTML 文書に直接記述できない，あるいは記述しづらい文字は **文字参照**というしくみを使って記述します．例を使って説明します．

　「1 は 2 より小さい」と言うために「1<2」と書くと，この「<2」 がタグの一部だと解釈されます．しかし，タグの終わりを示す「>」 がありません．そもそも「2」から始まる名前のタグはありません． ですから，この断片を含む HTML 文書には，構文エラーがあると いうことになります．このように，HTML のような，文字列を使っ て文書を修飾するマークアップ言語では，その修飾（HTML で はタグ）に使う文字自体を使う際に注意が必要です．

　この問題は，表 12.3 のような**文字参照**（**文字実体参照**または **数値文字参照**）を使って解決します．文字実体参照の & と ; の 間の文字列は，less than, greater than, ampersand, quotation

表 12.3 文字参照の例

文字	文字実体参照	数値文字参照
<	<	< または <
>	>	> または >
&	&	& または &
"	"	" または "
'	'	' または '

mark, apostrophe の略です．HTML で利用できる文字実体参照は [https://dev.w3.org/html5/html-author/charref] に掲載されています．数値実体参照は，ユニコードスカラ値を &#x と ; の間に16 進数で書くか，&# と ; の間に 10 進数で書くかのいずれかです．ASCII 文字のスカラ値は表 12.1 の ASCII コードと同じです（「A」は A）．

　文字実体参照と数値文字参照は，どちらを使ってもかまいません．文字実体参照はユニコードの一部の文字しか表現できませんが，それが何の文字なのかを目で見て判断するのは（慣れれば）簡単です．数値文字参照はユニコードのすべての文字を表現できますが，それが何の文字なのかを目で見て判断するのは難しいです．

12.2.6 URL で使える文字

　原則として，**URL**（1.2 節）で使えるのは ASCII 文字だけです．ASCII 以外の文字は，16 進数のバイト列にしてから，1 バイトごとに % で区切って記述します．たとえば，[https://ja.wikipedia.org/wiki/情報] であれば，「情報」以外は ASCII 文字なのでそのままですが，UTF-8 で「情」は「E68385」，「報」は「E5A0B1」なので，[https://ja.wikipedia.org/wiki/%E6%83%85%E5%A0%B1]

とします．このように文字を記述することを，**エスケープ**または**パーセントエンコーディング**といいます．ちなみに，「情」が「E68385」であることは，「情」一文字を UTF-8 で保存したファイルのダンプを見たり，ウィキペディアの「情報」のページの URL をテキストエディタに貼り付けることでわかります．

　少し細かい話をすると，ASCII 文字の中でも，表 12.4 (a) のように，URL で使うためにはエスケープが必要なものがあります．さらに，URL のクエリ部分（1.2 節）の「=」の前後，つまりクエリを「foo=bar」としたときの foo や bar で使える文字は，表 12.4 (b) のように限定されます[4]．これらは RFC 3986 [https://www.ietf.org/rfc/rfc3986.txt] で決められています[5]．

12.2.7 　書　　　体

　コンピュータの内部では文字は数値として処理されるだけでいいのですが，それを人間が読む際には，ブラウザ上で図形として表示される必要があります．そのときに使われる書体を，公開する側がコントロールするのは難しいです．ですから，文書を公開する際に，その書体にあまりこだわらない方がいいです．

　それでも書体を指定したい場合は，CSS の font-family プロパティを使い，表 12.5 のような値を指定します．

---

[4] 「+」をそのまま書くと空白になります（例：「x+x」は「x%20x」になる）．
[5] **RFC**（Request For Comments）は，インターネット上で利用される様々な技術について定めた文書群です．

表 12.4　ASCII 文字の URL での記述方法

(a) URL を記述する際の表記

	0	1	2	3	4	5	6	7	8	9	A	B	C	D	E	F
0	%00	%01	%02	%03	%04	%05	%06	%07	%08	%09	%0A	%0B	%0C	%0D	%0E	%0F
1	%10	%11	%12	%13	%14	%15	%16	%17	%18	%19	%1A	%1B	%1C	%1D	%1E	%1F
2	%20	!	%22	#	$	%25	&	'	(	)	*	+	,	-	.	/
3	0	1	2	3	4	5	6	7	8	9	:	;	%3C	=	%3E	?
4	@	A	B	C	D	E	F	G	H	I	J	K	L	M	N	O
5	P	Q	R	S	T	U	V	W	X	Y	Z	%5B	%5C	%5D	%5E	_
6	%60	a	b	c	d	e	f	g	h	i	j	k	l	m	n	o
7	p	q	r	s	t	u	v	w	x	y	z	%7B	%7C	%7D	~	%7F

(b) URL のクエリを記述する際の表記

	0	1	2	3	4	5	6	7	8	9	A	B	C	D	E	F
0	%00	%01	%02	%03	%04	%05	%06	%07	%08	%09	%0A	%0B	%0C	%0D	%0E	%0F
1	%10	%11	%12	%13	%14	%15	%16	%17	%18	%19	%1A	%1B	%1C	%1D	%1E	%1F
2	%20	%21	%22	%23	%24	%25	%26	%27	%28	%29	%2a	%2B	%2C	-	.	%2F
3	0	1	2	3	4	5	6	7	8	9	%3A	%3B	%3C	%3D	%3E	%3F
4	%40	A	B	C	D	E	F	G	H	I	J	K	L	M	N	O
5	P	Q	R	S	T	U	V	W	X	Y	Z	%5B	%5C	%5D	%5E	_
6	%60	a	b	c	d	e	f	g	h	i	j	k	l	m	n	o
7	p	q	r	s	t	u	v	w	x	y	z	%7B	%7C	%7D	~	%7F

表 12.5　font-family プロパティ値の例

プロパティ値	表示例	効果
serif	hello, world	欧文は**セリフ体**，日本語は**明朝体**
sans-serif	hello, world	欧文は**サンセリフ体**，日本語は**ゴシック体**
monospace	hello, world	**等幅フォント**（1 文字が占める領域の幅が，漢字，ひらがな，カタカナ等と同じか，そのちょうど半分になる．プログラムコードを掲載する際に使われることが多い．）
cursive	hello, world	手書き風の書体
fantasy	**hello, world**	装飾系の書体
system-ui	hello, world	OS のユーザインタフェースと同じ書体

　もっと具体的に書体を指定したい場合は，書体名をプロパティ値にします．たとえば，文書を游明朝で読んでもらいたい場合には，CSS で次のように指定します．

```
font-family: "YuMincho", "Yu Mincho", serif;
```

　YuMincho は macOS，Yu Mincho は Windows の游明朝です．両者は同じではありません．特に，「\」（バックスラッシュ，U+005C）の形が違います．通常，バックスラッシュの形は「/」を左右反転させたようなものになりますが，一部の（主にマイクロソフトが関わる）日本語書体では「¥」（円記号，U+00A5）と同じ形になります．そういう書体では，U+005C と U+00A5 を見た目では区別できないので，文脈から判別しなければなりません．プロパティ値の最後に serif があるので，ユーザの環境に游明朝がなければ，その環境の明朝体が使われます．

　ユーザの端末に搭載されていないかもしれない書体を使いたい場合は，**ウェブフォント**というしくみを検討してください．自前のフォントがない場合は，ウェブフォントを無料で提供している Google Fonts♠6 などを試すといいでしょう．

♠6 https://fonts.google.com

おわりに

多くの若者にとって，インターネットは自己実現の場です．彼らはそこで自分が何者なのかを探り，何者になりたいのかを知ろうとする．しかし，それが可能になるのは，プライヴァシーと匿名性が確保される場合だけです．何か失敗をしても，正体を明かさずにすむ場合だけです．私が危惧しているのは，そんな自由を味わえるのも，もしかしたら私の世代が最後になってしまうかもしれないということです[42]

エドワード・スノーデン（1983–）

ジョン・ペリー・バーロウ（1947–2018）の「サイバースペース独立宣言（1996）」[♠1] で謳われた，国家のない自由な世界は幻想でした．ツイッター革命，フェイスブック革命などともてはやされたアラブの春（2010年頃）は，ソーシャルメディアの栄光と挫折として記憶されるでしょう．次々に開発される，私たちを不自由にする技術は，法で規制するしかなさそうです．しかし，市民の意思で法を作る制度（民主主義）は，フェイクニュースがはびこり，市民が真実を知りにくくなったせいで，危機に瀕しています．

筆者が自由を重視するのは，個人がその能力を最大限に発揮できるのは自由なときだと思っているからです．個人の能力を最大限に発揮してもらいたいと思うのは，その積み重ねによって人類は，クリストファー・ノーラン監督が映画にしたような，インターステラーに到達すると思っているからです（これは冗談）．

ウェブについて考えることは，人生や社会，人類について考えることです．

♠1 https://www.eff.org/cyberspace-independence

この本の中には，タイトルの「しくみ」から期待される「〜である」の形で書かれた事実だけでなく，「〜であるべき」という形で書かれた意見もあります．そういう部分で筆者とは考えが合わないと思ったときは，共感(empathy)つまり "自分で誰かの靴を履いてみること"♠2 が求められていると考えてください．

事例を一つ追加しましょう．"フェイスブックがわれわれが誰なのかを定義し，アマゾンがわれわれが欲しいものを定義し，そしてグーグルがわれわれが何を考えるかを定義する"[48] という状況を，主体性が脅かされていると否定的にとらえる人と，"人間とコンピュータの共生"[49] だと肯定的にとらえる人がいます．ぜひ両者の靴を履いてみてください（筆者の靴は磨いてあります）．

ウェブが共感力を育む場になっているかどうかはよくわかりません．紙の本を読むことで身に付けられてきた能力が，ウェブでも身に付けられるでしょうか．筆者はこのことについては悲観的です．そのため，ウェブではなく紙の本のための書き方で，この本を書きました．この本の内容をウェブ用に書けと言われたら，途方に暮れてしまいます．紙の本で書けてよかったです．

2020 年 8 月

矢吹太朗

本を読む人種だけがネットに対しても多少なりとも興味深い反論を試みることができるのだ．そのはずだった．♠3

ジェイ・カレセヘネム

♠2 ブレイディみかこ『ぼくはイエローでホワイトで，ちょっとブルー』（新潮社, 2019）
♠3 ジャレット・コベック著，浅倉卓弥訳の小説『くたばれインターネット』（P ヴァイン, 2019）より

謝　辞

「Computer and Web Sciences Library 全8巻」の編者，増永良文先生（お茶の水女子大学名誉教授）から受けた御恩はとてもお返しできませんので，下の世代に送り伝えたいと思います．この本がその一部になることを願います．

神戸佳子副校長と岡田博元教諭（お茶の水女子大学附属小学校），徳丸浩様（ＥＧセキュアソリューションズ株式会社），yomoyomo様，辻真吾博士（@tsjshg），伊藤一成博士（青山学院大学），田中慶樹様（プログラマ），田中言都様より，この本の草稿に対して貴重なコメントやはげましをいただきました．（みな様のお目にかけられるということが，草稿の品質基準でした．）

田島伸彦様と足立豊様（サイエンス社）より，執筆活動についての他では得難い助言をいただきました．

この本で示したような価値観の一部は，両親から受け継ぎました．そういう価値観を共有する喜びを，人生のパートナーで草稿の最初の読者である矢吹一惠からもらいました．

ありがとうございました．

子供たち（息子，真人を含む）へ．君たちがこの本を読めるようになるころには，ウェブはここに書かれているものとはずいぶん違ったものになっているかもしれない．よくなっていればいいと思うが，楽観はできない．ウェブに自由が残っていたら，その自由を楽しんで，何かを作り，発信してほしい．Rejoice!

参 考 文 献

1) ピーター・モービル著, 浅野紀予訳. アンビエント・ファイン
   ダビリティ—ウェブ, 検索, そしてコミュニケーションをめぐ
   る旅. オライリージャパン, 2006. 9, 33

2) ローレンス・レッシグ著, 山形浩生訳. *Code Version 2.0*. 翔
   泳社, 第2版, 2007. 全文が [https://www.seshop.com/static/
   images/errata/erimgs/115000/CODE2.0.zip] で公開されて
   います. 13, 29, 148

3) ロイター. WWW の生みの親が語るネットの未来と後悔,
   2009. [https://web.archive.org/web/20090320020015/http://
   www.itmedia.co.jp:80/news/articles/0903/16/news041.html].
   16

4) 小川進. QR コードの奇跡—モノづくり集団の発想転換が革新
   を生んだ. 東洋経済新報社, 2020. 18

5) ティム・バーナーズ = リー著, 神崎正英訳. クールな URI は
   変わらない. [https://www.kanzaki.com/docs/Style/URI].
   21

6) メアリー・エイケン著, 小林啓倫訳. 子どもがネットに壊さ
   れる—いまの科学が証明した子育てへの影響の真実. ダイ
   ヤモンド社, 2018. 文献リストを兼ねた原注が [https://www
   .diamond.co.jp/go/pb/cyber_effect/notes.pdf] で, 用語集が
   [https://www.diamond.co.jp/go/pb/cyber_effect/glossary
   .pdf] で公開されています. 31

7) シヴァ・ヴァイディアナサン著, 久保儀明訳. グーグル化の見
   えざる代償. インプレス, 2012. 36

8) ダグラス・アダムス著, 風見潤訳. 銀河ヒッチハイク・ガイド.
新潮社, 1982. 37

9) ジョン・マコーミック著, 長尾高弘訳. 世界でもっとも強力な
9 のアルゴリズム. 日経 BP, 2012. 39

10) Sergey Brin and Lawrence Page. The anatomy of a large-
scale hypertextual web search engine. *Computer Networks
and ISDN Systems*, Vol. 30, No. 1-7, pp. 107–117, 1998.
[http://infolab.stanford.edu/~backrub/google.html]. 46, 137

11) セス・スティーヴンズ＝ダヴィドウィッツ著, 酒井泰介訳. 誰
もが嘘をついている―ビッグデータ分析が暴く人間のヤバい本
性. 光文社, 2018. 47

12) Andrew Kirkpatrick, Joshue O Connor, Alastair Campbell,
Michael Cooper 編, ウェブアクセシビリティ基盤委員会翻訳
ワーキンググループ訳. Web content accessibility guidelines
(WCAG) 2.1, 2018. [https://waic.jp/docs/WCAG21/] 一
つ前の版である WCAG 2.0 についての解説 [https://waic.jp/
docs/UNDERSTANDING-WCAG20/] や実践方法 [https://
waic.jp/docs/WCAG-TECHS/] も公開されています. 66

13) リチャード・ストールマン著, 長尾高弘訳. フリーソフトウェア
と自由な社会―Richard M. Stallman エッセイ集. アスキー,
2003. この文献の重要性は, いくら強調しても強調しすぎるこ
とはありません. ローレンス・レッシグは文献50) で次のよう
に言っています.

> 実はストールマン自身の著作, 特に『フリーソフトウェアと自
> 由な社会』のエッセイを読み返してみると, ここでわたしが展
> 開している理論的な洞察は, すべて何十年も前にストールマン
> が述べていたものだということに気がつく. だから本書が「た

だの」二次派生物だと論じることも十分にできる.

原書の第 3 版が [https://www.gnu.org/doc/fsfs3-hardcover
.pdf] で公開されています. 77

14) ローレンス・レッシグ著, 山形浩生訳. コモンズ—ネット上の
所有権強化は技術革新を殺す. 翔泳社, 2002. 原書は [http://
the-future-of-ideas.com/download/] で公開されています. 79

15) 文化庁. 著作権テキスト（2019 年度）. [https://www.bunka
.go.jp/seisaku/chosakuken/seidokaisetsu/kyozai.html]. 80

16) フリーソフトウェア財団著, 情報処理推進機構訳. GNU 一般公
衆利用許諾書, 2007. リチャード・ストールマンが 1985 年に
設立したフリーソフトウェア財団が作成したソフトウェアライ
センスの日本語訳です. 解説書も公開されています. [https://
www.ipa.go.jp/osc/license1.html]. 85

17) Kyle E. Mitchell 著, POSTD 訳. MIT ライセンスを 1 行
1 行読んでいく, 2016. 英語で 171 語しかない MIT ライセン
スですが, ちゃんと理解するためには, このようなガイドが有
用です. [https://postd.cc/mit-license-line-by-line/]. 85

18) Ken Thompson. Reflections on trusting trust. *Communi-
cations of the ACM*, Vol. 27, No. 8, pp. 761–763, August
1984. 日本語訳「信用を信用することができるだろうか」が, 赤
攝也ほか訳『ACM チューリング賞講演集』（共立出版, 1989)
に収録されています. 86

19) カル・ニューポート著, 池田真紀子訳. デジタル・ミニマリス
ト—本当に大切なことに集中する. 早川書房, 2019. 87, 96

20) スコット・ローゼンバーグ著, 井口耕二訳. ブログ誕生—総表現
社会を切り拓いてきた人々とメディア. NTT 出版, 2010. 文

献リストが [https://web.archive.org/web/20170824090908/
http://nttpub.co.jp/book/100002092/index.html] にありま
す. 89

21) デイヴィッド・パトリカラコス著, 江口泰子訳. 140 字の戦争—
SNS が戦場を変えた. 早川書房, 2019. 94

22) ジョン・ロンソン著, 夏目大訳. ルポ ネットリンチで人生を
壊された人たち. 光文社, 2017. 95

23) Soroush Vosoughi et al. The spread of true and false news
online. *Science*, Vol. 359, pp. 1146–1151, 03 2018. 97

24) キャリコネニュース. クラウドソーシングで保守系コメント
の書き込み発注, 1 件 30 円「テレビや新聞の偏向報道が許
せない方」に依頼. BLOGOS. 2017. [https://blogos.com/
article/248533/]. 97

25) 一田和樹. フェイクニュース—新しい戦略的戦争兵器. KADO-
KAWA, 2018. 98

26) Nicky Case. 群衆の英知もしくは狂気. [https://ncase.me/
crowds/ja.html] で公開されている, 人のつながりに関する
インタラクティブなガイドです. ソースコードが [https://
github.com/ncase/crowds] で公開されています. 98

27) イーライ・パリサー著, 井口耕二訳. 閉じこもるインターネッ
ト—グーグル・パーソナライズ・民主主義. 早川書房, 2012.
"危険なインターネット上の「フィルターに囲まれた世界」"
という TED トーク [https://www.ted.com/talks/eli_pariser
_beware_online_filter_bubbles?language=ja] がよい要約に
なっています. 2016 年に『フィルターバブル—インターネッ
トが隠していること』というタイトルで文庫化されました. 99,
157

28) キャス・サンスティーン著, 石川幸憲訳. インターネットは民主主義の敵か. 毎日新聞社, 2003. 99

29) デイヴィッド・サンプター著, 千葉敏生・橋本篤史訳. 数学者が検証！ アルゴリズムはどれほど人を支配しているのか？ 光文社, 2019. 99

30) ブルース・シュナイアー著, 池村千秋訳. 超 監視社会—私たちのデータはどこまで見られているのか？ 草思社, 2016. 原注と資料が [http://www.soshisha.com/goliath/] で公開されています. 107, 125, 127

31) ダナ・ボイド著, 野中モモ訳. つながりっぱなしの日常を生きる—ソーシャルメディアが若者にもたらしたもの. 草思社, 2014. 112

32) ジェームズ・スロウィッキー著, 小高尚子訳.「みんなの意見」は案外正しい. 角川書店, 2004. 113, 115

33) ジャロン・ラニアー著, 大沢章子訳. 今すぐソーシャルメディアのアカウントを削除すべき 10 の理由. 亜紀書房, 2019. 114

34) アンドリュー・リー著, 千葉敏生訳. ウィキペディア・レボリューション—世界最大の百科事典はいかにして生まれたか. 早川書房, 2009. 117

35) エリック・レイモンド著, 山形浩生訳. ノウアスフィアの開墾. 伽藍とバザール—オープンソース・ソフト Linux マニフェスト. 光芒社, 1999. この文書は [https://cruel.org/freeware/noosphere.html] で公開されています. 118

36) A・J・ジェイコブズ著, 黒原敏行訳. 驚異の百科事典男—世界一頭のいい人間になる！ 文藝春秋, 2005. 118

37) ジャロン・ラニアー著, 井口耕二訳. 人間はガジェットではない. 早川書房, 2010. 119

38) 赤木かん子. 先生のための百科事典ノート. ポプラ社, 2012. 119

39) yomoyomo. 子供たちに「Wiki リテラシー」を習得させることは可能か, 2008. [http://archive.wiredvision.co.jp/blog/yomoyomo/200812/200812101400.html]. この文書が収録された『情報共有の未来』（達人出版会, 2012）と, 同著者の著作51) は, 本書『Web のしくみ』を読んだ後で「Web の実情」を知るための, 必読書です. 124

40) 結城浩. 暗号技術入門—秘密の国のアリス. SB クリエイティブ, 第 3 版, 2015. 131

41) スコット・アーロンソン著, 森弘之訳. デモクリトスと量子計算. 森北出版, 2020. 量子計算を題材（の一つ）にして, コンピュータ科学, 物理学, 数学, 哲学について広く深く学べる本です. 量子コンピュータについて手っ取り早く知りたい人は, ほかの本を読みましょう.

42) グレン・グリーンウォルド著, 田口俊樹ほか訳. 暴露—スノーデンが私に託したファイル. 新潮社, 2014. 134, 174

43) 矢吹太朗. Web アプリケーション構築入門. 森北出版, 2011. 145

44) 徳丸浩. 安全な Web アプリケーションの作り方. SB クリエイティブ, 第 2 版, 2018. 145

45) David Bixenspan. When the internet archive forgets, 2018. [https://gizmodo.com/when-the-internet-archive-forgets-1830462131]. 161

46) ディオミディス・スピネリス. もう一段の間接参照. アンディ・オラム, グレッグ・ウィルソン（編）, ビューティフルコード. オライリー・ジャパン, 2008. 162

47) 常 用 漢 字 表, 2010. [https://www.bunka.go.jp/kokugo
_nihongo/sisaku/joho/joho/kijun/naikaku/kanji/]. この
資料の「（付）字体についての解説」とあわせて，文化審議
会国語分科会による「常用漢字表の字体・字形に関する指針
（報告）」(2016) [https://www.bunka.go.jp/seisaku/bunka
shingikai/kokugo/hokoku/pdf/jitai_jikei_shishin.pdf] とそ
の概要(がいよう) [https://www.bunka.go.jp/koho_hodo_oshirase/hodo
happyo/pdf/2016022902_besshi01.pdf] を読むことを勧(すす)めま
す. 166

48) ジョージ・ダイソン著, 吉田三知世訳. チューリングの大聖堂―
コンピュータの創造とデジタル世界の到来(とうらい). 早川書房, 2013.
175

49) エドワード・アシュフォード・リー著, 遠藤美代子・富山貴子
訳. プラトンとナード―人とテクノロジーの創造的パートナー
シップ. マイナビ出版, 2019. 175

50) ローレンス・レッシグ著, 山形浩生・守岡桜訳. Free Cul-
ture―いかに巨大(きょだい)メディアが法をつかって創造性や文化を
コントロールするか. 翔泳社, 2004. 原書は [http://www
.free-culture.cc/freecontent/] で公開されています. 178

51) yomoyomo. もうすぐ絶滅(ぜつめつ)するという開かれたウェブについ
て―続・情報共有の未来. 達人出版会, 2018. この本の出版は
電子版のみだったのですが，特別版（紙版）が国会図書館に
納本されています（国立国会図書館書誌 ID は 029721938）.
[https://yamdas.hatenablog.com/entry/20190115/openweb]
によると，光栄なことに，国会図書館への納本は，筆者（矢吹）
のツイートがきっかけとのことです. 182

索 引

著者略歴

矢吹太朗
やぶきたろう

千葉工業大学社会システム科学部
プロジェクトマネジメント学科准教授

1976年生まれ. 1998年, 東京大学理学部天文学科卒
業. 1999年, 東京大学大学院理学系研究科天文学専
攻中退. 2004年, 東京大学大学院新領域創成科学研
究科基盤情報学専攻修了, 博士（科学）. 2004年, 青
山学院大学理工学部情報テクノロジー学科助手. 同助
教を経て, 2012年より現職. 情報処理技術者試験委
員会委員. 『Webアプリケーション構築入門』（森北出
版）,『C++の教科書』（日経BP）などの著書がある.

Computer and Web Sciences Library = 6
Webのしくみ
Webをいかすための12の道具

2020年10月25日 ⓒ　　　　　初 版 発 行

著 者　矢吹太朗　　　　　発行者　森平敏孝
　　　　　　　　　　　　　印刷者　大道成則

発行所　　株式会社　サイエンス社
〒151-0051　東京都渋谷区千駄ヶ谷1丁目3番25号
営 業　☎(03)5474-8500（代）　振替 00170-7-2387
編 集　☎(03)5474-8600（代）
FAX　☎(03)5474-8900

印刷・製本　太洋社
《検印省略》

ISBN 978-4-7819-1477-0

PRINTED IN JAPAN

サイエンス社のホームページのご案内
https://www.saiensu.co.jp
ご意見・ご要望は
rikei@saiensu.co.jp　まで